Das Zahlenbuch

für

. . . .

Herausgegeben von

Erich Ch. Wittmann und Gerhard N. Müller

Erarbeitet von

Albert Berger
Marlene Fischer
Marlies Hoffmann
Maria Jüttemeier
Gerhard N. Müller
Erich Ch. Wittmann

programm mathe 2000
von
Prof. Dr. E. Ch. Wittmann
und Prof. Dr. G. Müller

Mathematik im 1. Schuljahr

Ernst Klett Grundschulverlag
Leipzig Stuttgart Düsseldorf

Erklärung der Symbole

Diese Aufgabe kann farbig gestaltet werden.

Diese Aufgabe soll vorgelesen werden.

Diese Aufgabe wird im Heft gerechnet.

Schnüffel-Aufgaben!

An dieser Stelle finden sich auf den folgenden Seiten kurze Arbeitshinweise.
Ausführliche Informationen im Lehrerhandbuch.

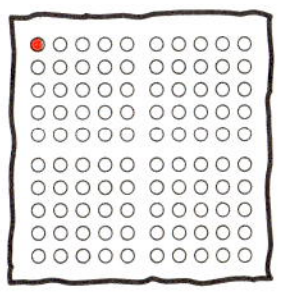

Über die Einschulung sprechen. Schultüten wieder erkennen und entsprechend ausmalen.
Muster fortsetzen.

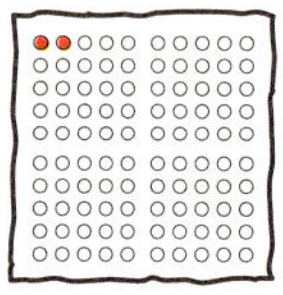

Unsere Klasse

●	●●	●●●	●●●●	●●●●●
1	2	3	4	5

Zählen, Menge und Zahl verbinden. Muster fortsetzen.

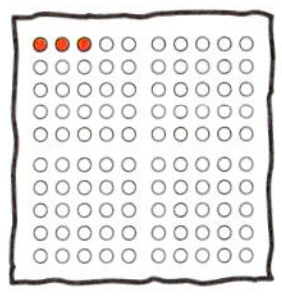

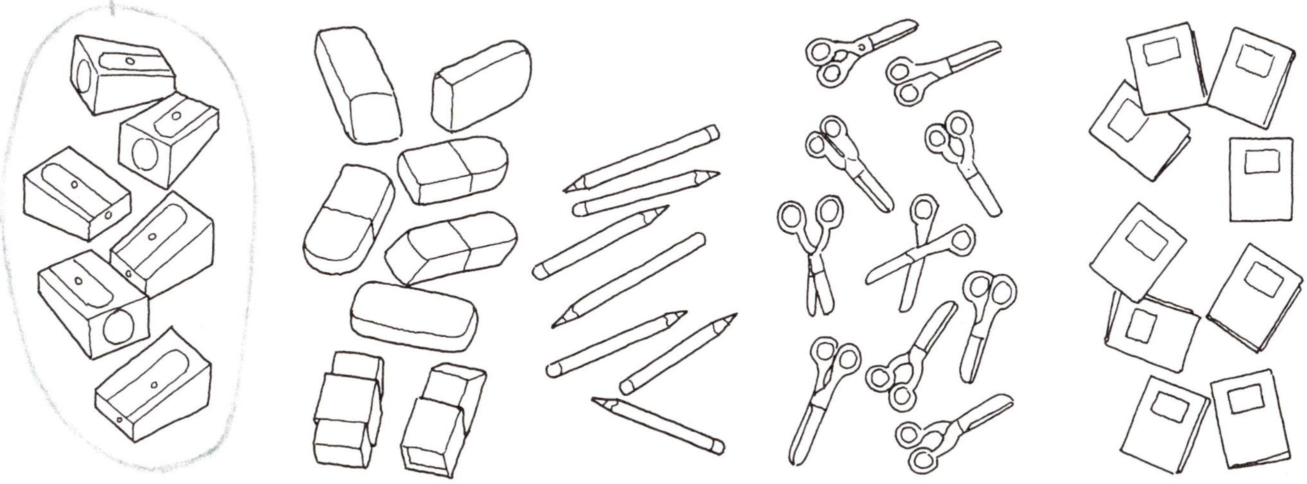

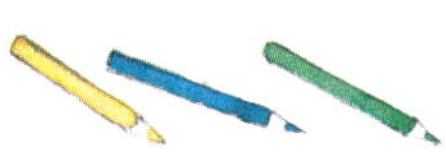

Zählen, Menge und Zahl verbinden. Muster fortsetzen.
Grundlegung „Wie viele?“ (Blitzrechenkurs im Lehrerband)

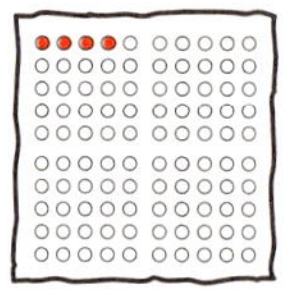

In der Pause

1.

2.

3.

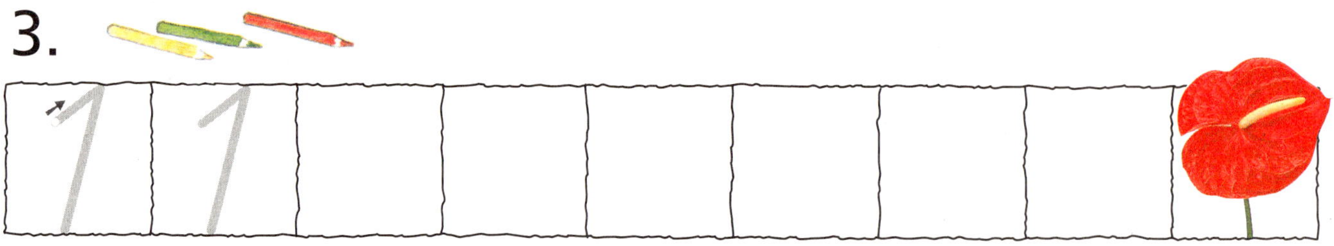

1 Menge und Zahl verbinden.
2 Anzahlen als Quartett unterschiedlich darstellen. Eigene Zahlenquartette herstellen (Kopiervorlage).
3 Ziffern schreiben.

1.

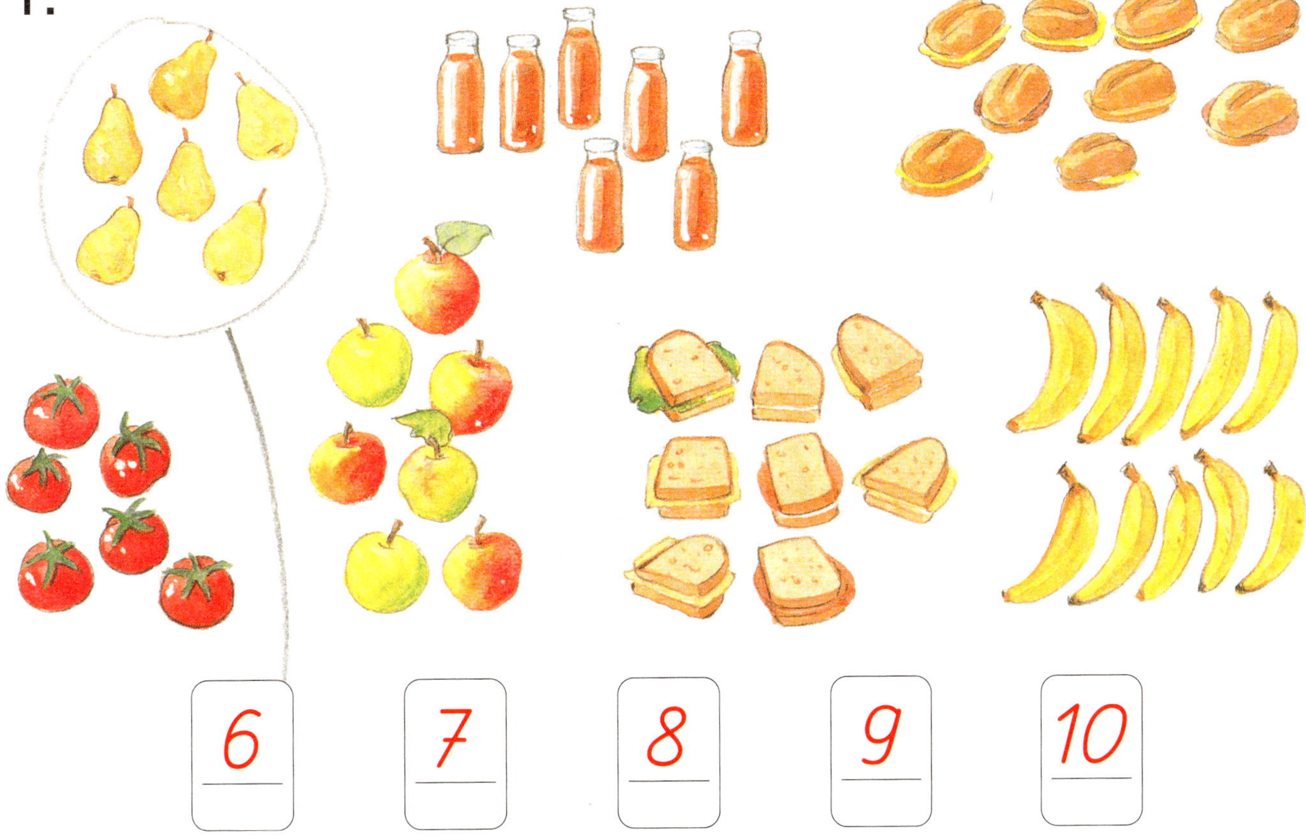

2.

3.

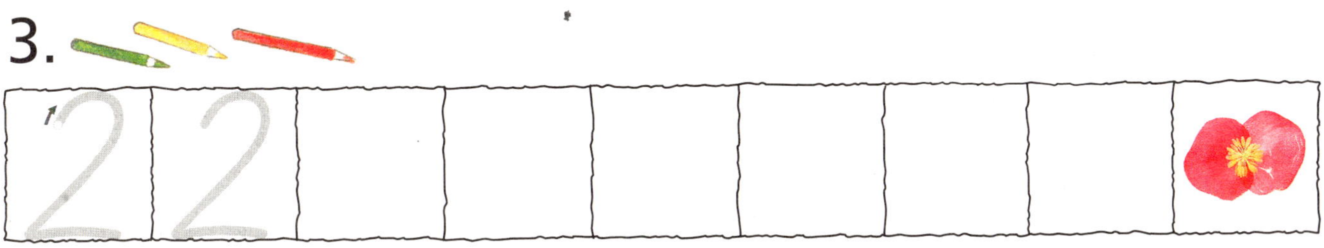

1 Menge und Zahl verbinden.
2 Anzahlen als Quartett unterschiedlich darstellen. Eigene Zahlenquartette herstellen (Kopiervorlage).
3 Ziffern schreiben.

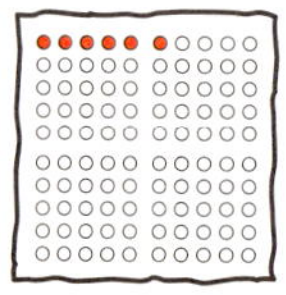

Bauen und zählen

1.

2.

	|||
	|

3. 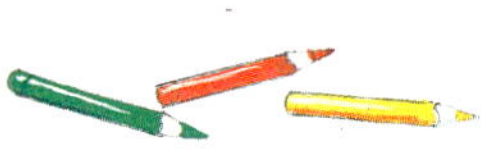

3	3							

1 Erzählen, bauen, beschreiben.
2 Lagebeziehungen besprechen.
Bauklötze gleicher Farbe oder Form zählen, in die Strichliste eintragen.

Knoten

Vor 1000 Jahren in Südamerika rechneten die Inkas mit Knotenschnüren.

1. **Einfacher Knoten**

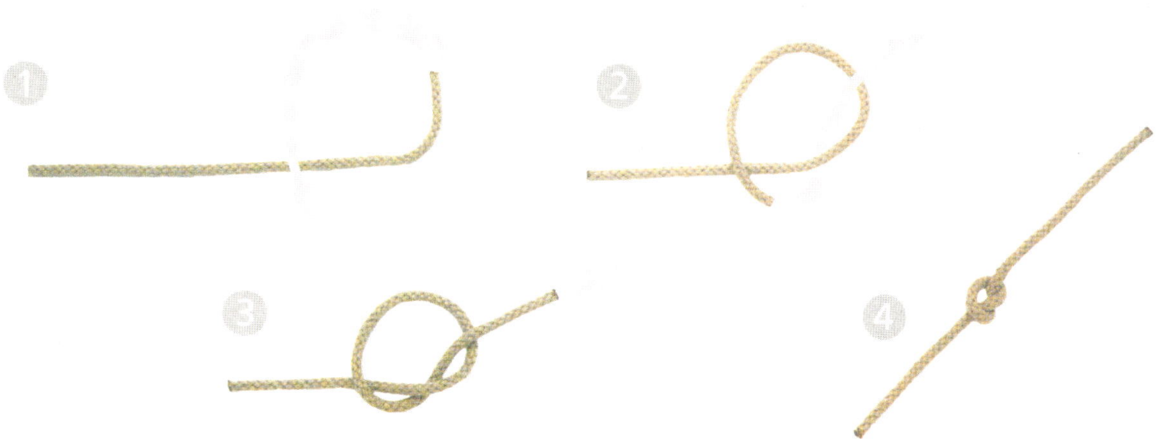

2.

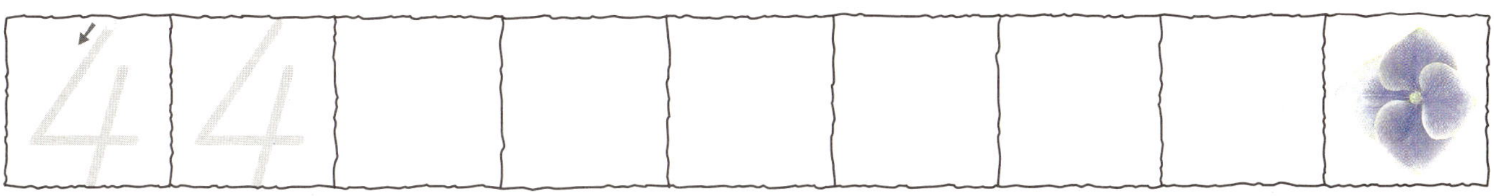

Informationen über Inkas und Knotenschnüre geben (Lehrerband).
1 Ersten nützlichen Knoten üben. Knotenschnüre unter Beachtung der „Kraft der Fünf" knüpfen.
Mit verbundenen Augen „Knoten-Zahlen" fühlen.

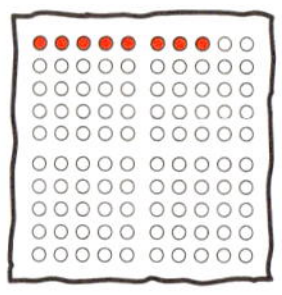

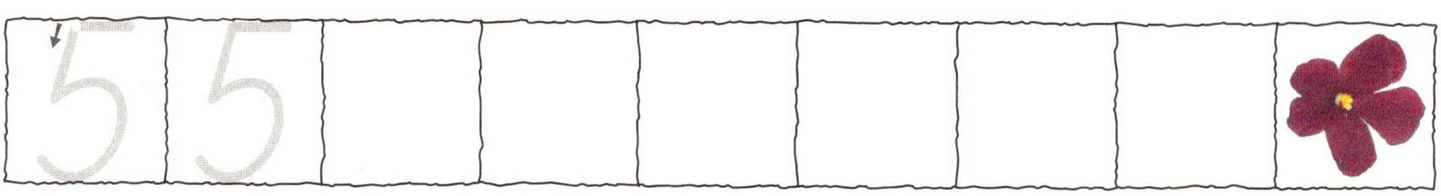

Erzählen und zählen.
(Kopiervorlage mit Bildern in veränderter Reihenfolge im Lehrerband.)

Räuber und Goldschatz

6 6

Würfelspiel in Partnerarbeit: Start bei 10;
durch abwechselndes Würfeln und Ziehen den Schatz in die eigene Höhle bringen.

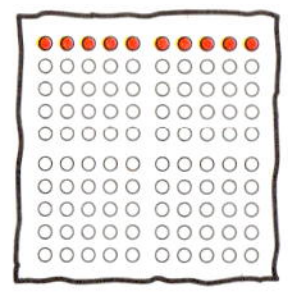

Schöne Muster

1.

2. Lege und male. Immer 7

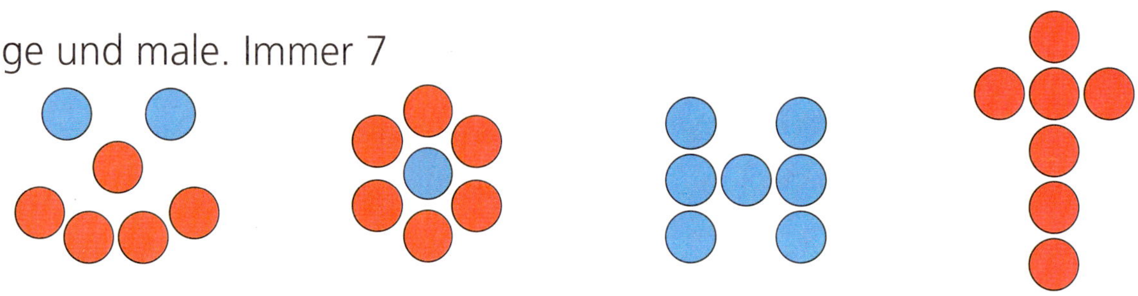

3. Immer 4

Immer 5

4. Immer 3

5. Immer 6

6. Immer 8

7.

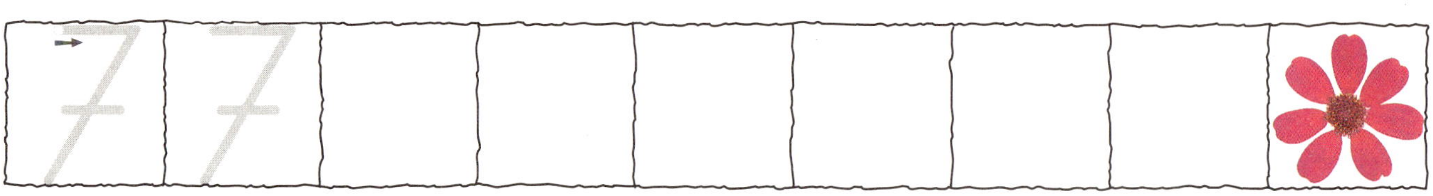

1 Über Sterne und Sternbilder sprechen.
Sterne in den Sternbildern zählen (immer 7) und nachlegen.
2, 3 Muster zu vorgegebenen Zahlen legen und zeichnen. **4 – 6** Muster ins Heft zeichnen.

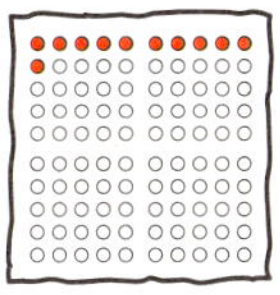

Plättchen werfen

1.

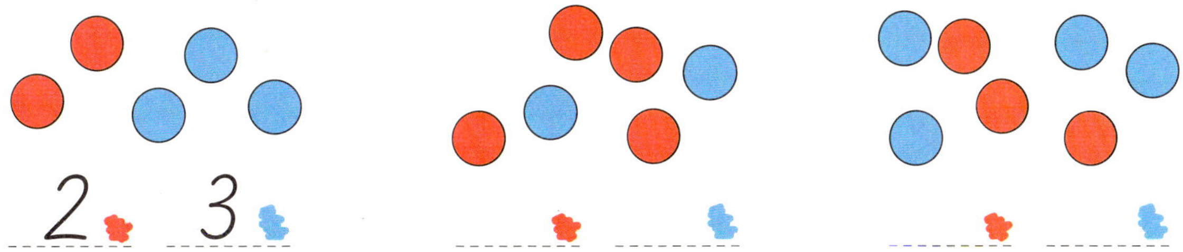

2. Immer 5

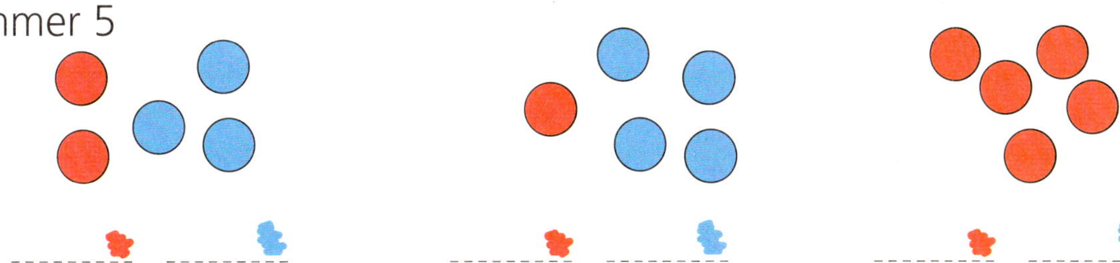

3. Plättchen werfen mit 

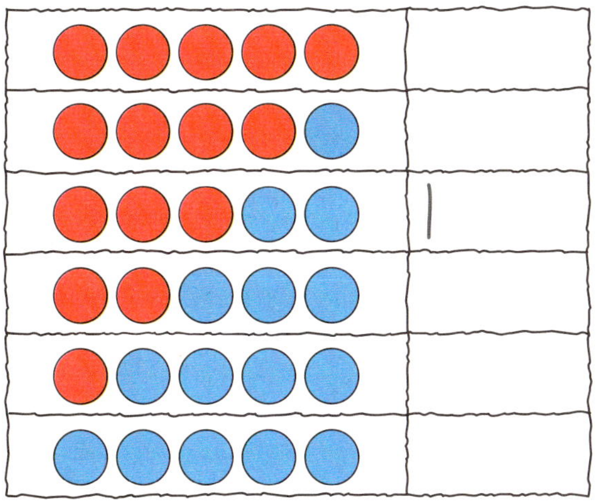

4. Mit 

5. Mit 

6. 8 Plättchen. 3 davon sind blau.

7. 

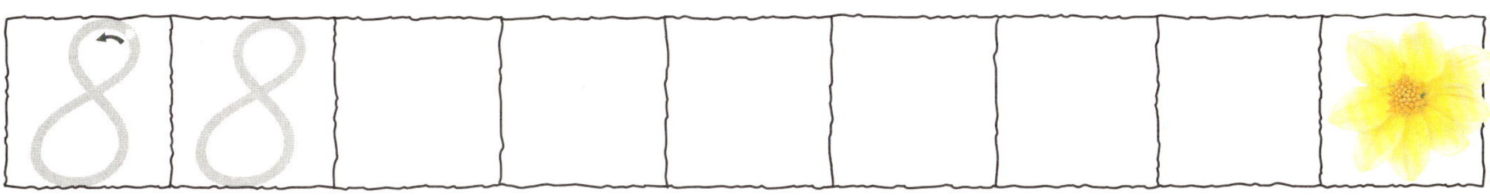

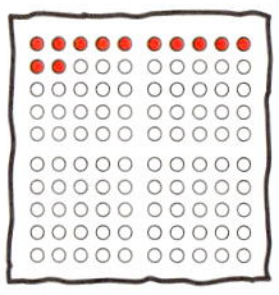

Zahlen am Körper

1.

Sag mir doch, wo hast du **eins**?
Eine Nase hab ich,
einen Mund dazu,
habe **einen** Kopf,
schau, den hast auch du.

Sag mir doch, wo hast du **zwei**?
Zum Hören **zwei** Ohren,
zum Schauen **zwei** Augen,
zum Schaffen **zwei** Arme,
zum Laufen **zwei** Beine,
zwei Füße dazu, genauso wie du.

Sag mir doch, wo hast du **fünf**?
Oh, das sag ich dir geschwind.
An jeder Hand **fünf** Finger sind,
an jedem Fuß **fünf** Zehen sind,
das weiß doch jedes kleine Kind.

2.

3. 

1 Zahlen 1, 2 und 5 am eigenen Körper entdecken.
2 Zahlen an den Tierbildern (Marienkäfer, Wollhandkrabbe, Ameise, Kohlmeise, Kuh) entdecken, selbst Zählbilder sammeln.

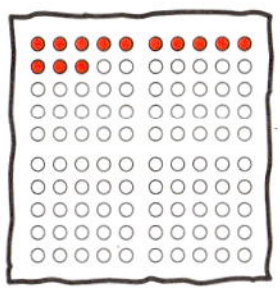

Zwei Fünfer sind Zehn

1.

Zehn kleine Zappelmänner zappeln hin und her.
Zehn kleinen Zappelmännern fällt das gar nicht schwer.

Zehn kleine Zappelmänner zappeln auf und nieder.
Zehn kleine Zappelmänner tun das immer wieder.

Zehn kleine Zappelmänner zappeln rings herum.
Zehn kleine Zappelmänner, die sind gar nicht dumm.

Zehn kleine Zappelmänner spielen jetzt Versteck.
Zehn kleine Zappelmänner sind auf einmal weg.

2.

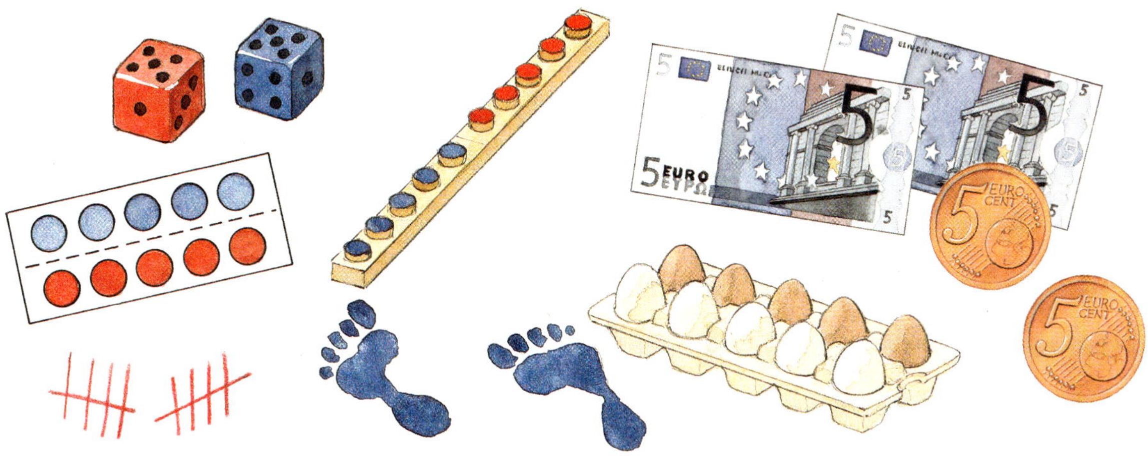

3.

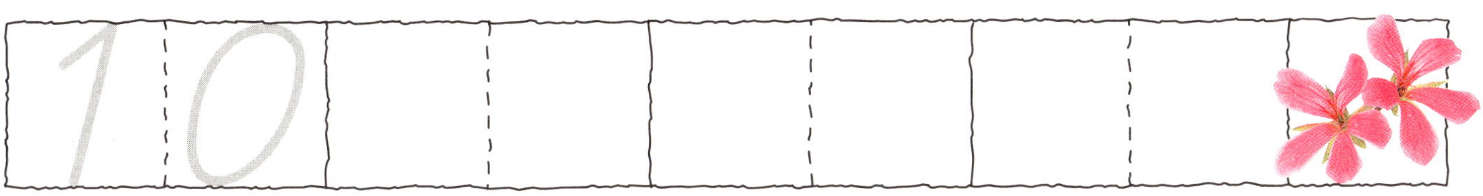

1, 2 Zehn als zwei Fünfer am Körper und in der Umwelt entdecken.

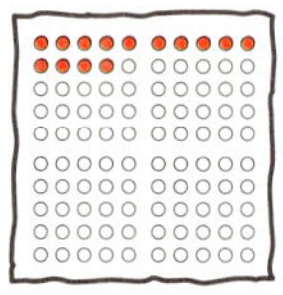

Kraft der Fünf

1.

6	●●●●● ●	5 + 1 plus
7	●●●●● ●●	5 + 2
	●●●●● ●●●	+
	●●●●● ●●●●	+
	●●●●● ●●●●●	+

2.

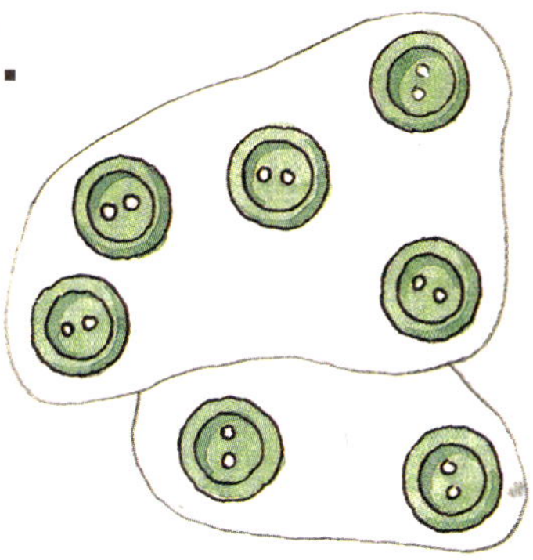

7 ------

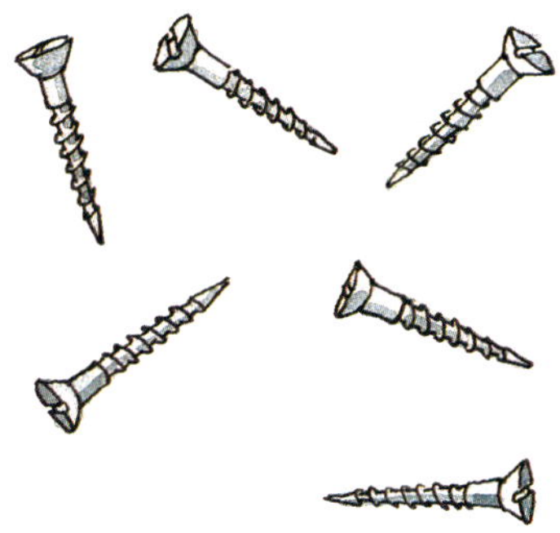

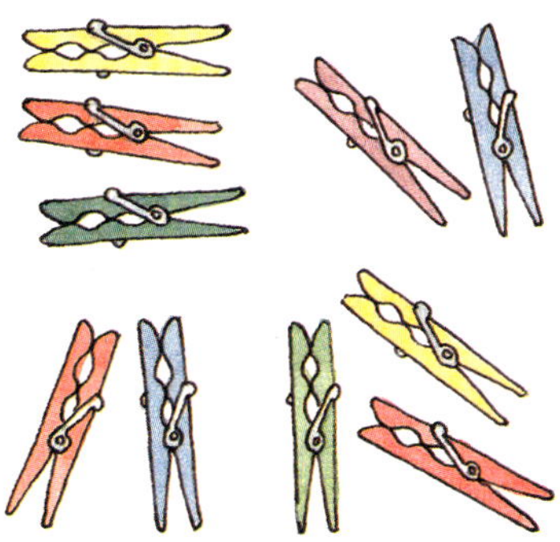

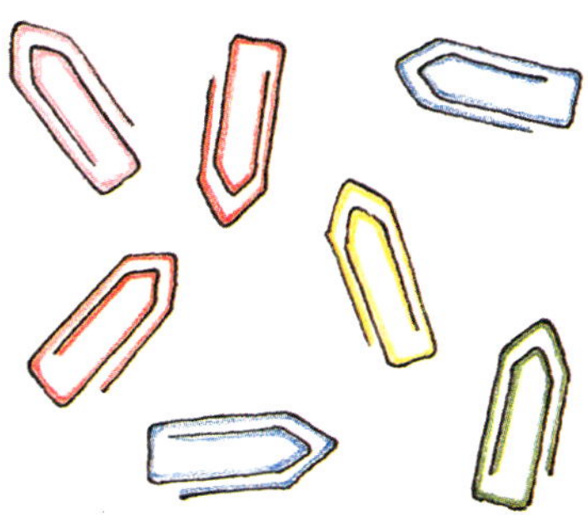

Mit Hilfe von Fünfern Mengen strukturieren und Anzahlen bestimmen.
1 Zur Notation das Pluszeichen einführen und verwenden.
2 Fünfer einkreisen und Anzahlen bestimmen.

Geld

1. 

Immer 5 Euro.

2.

.... Euro

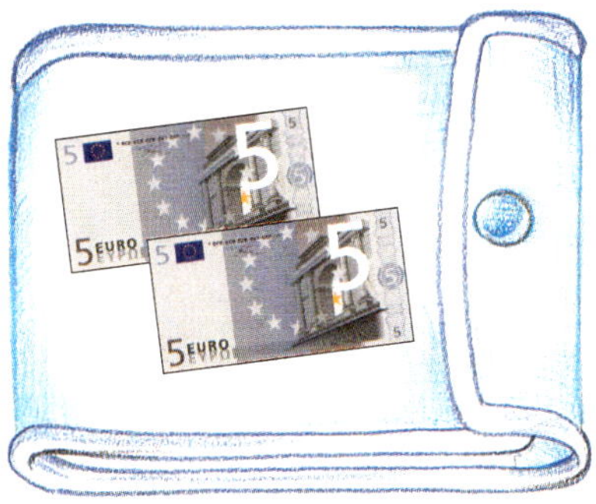

.... Euro

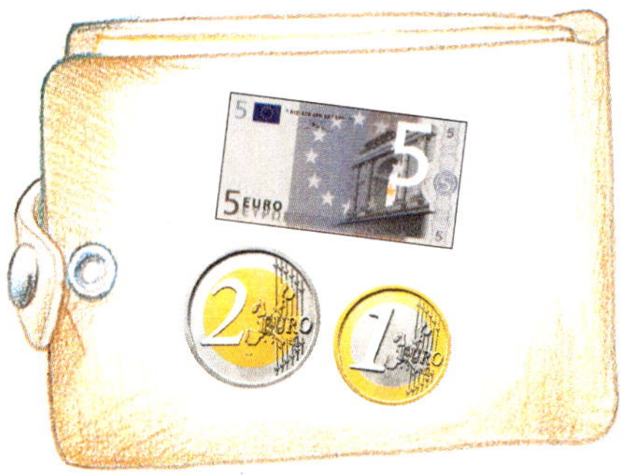

.... Euro

.... Euro

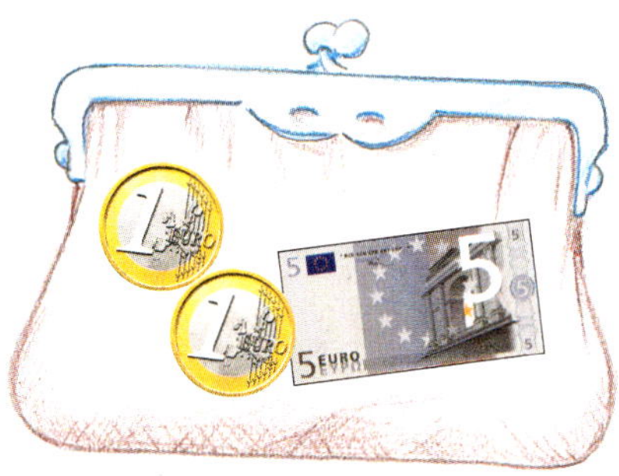

.... Euro

.... Euro

3. Lege 6 Euro.

4. Lege 7 Euro.

5. Lege 8 Euro.

1 Eintritt mit 1, 2 und 5 Euro verschieden legen.
2 Geldbeträge bestimmen. **3 – 5** Weitere Eurobeträge legen.

11	●●●●● ●●●●● ●	10 + 1
12	●●●●● ●●●●● ●●	
13	●●●●● ●●●●● ●●●	
14	●●●●● ●●●●● ●●●●	
15	●●●●● ●●●●● ●●●●●	

Mit Hilfe von Fünfern und Zehnern Mengen strukturieren, Anzahlen bestimmen.

16	●●●●● ●●●●● ●●●●● ●	
17	●●●●● ●●●●● ●●●●● ●●	
18	●●●●● ●●●●● ●●●●● ●●●	
19	●●●●● ●●●●● ●●●●● ●●●●	
20	●●●●● ●●●●● ●●●●● ●●●●●	10 + 10

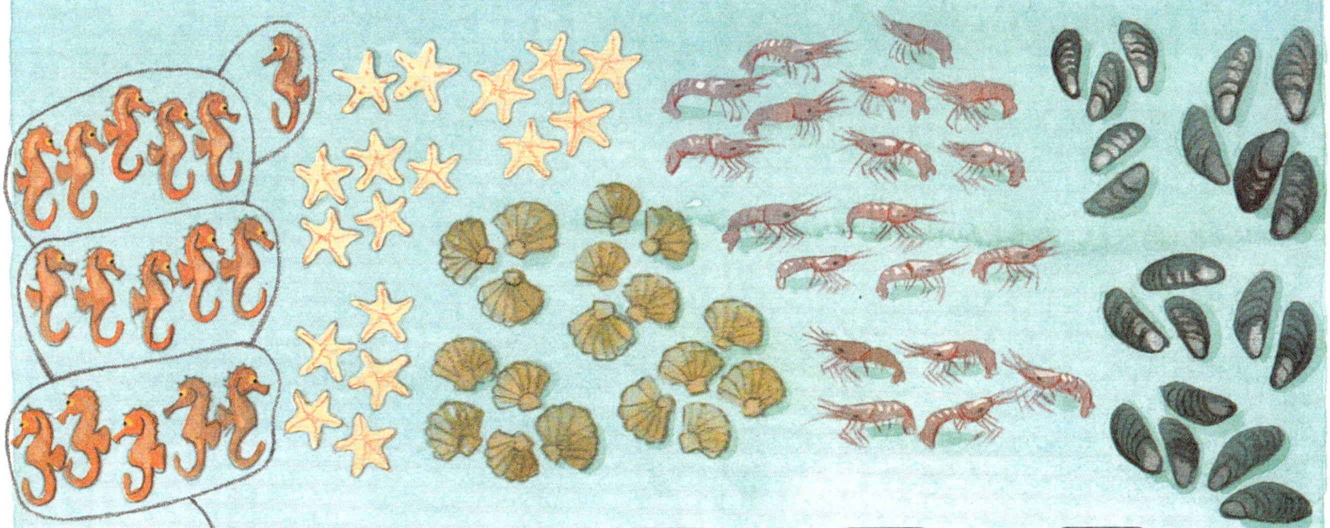

16 17 18 19 20

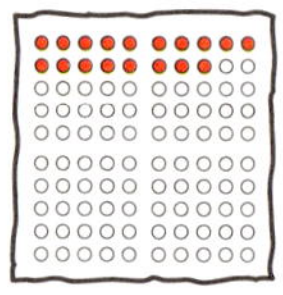

Zwanzigerreihe

1.

2.

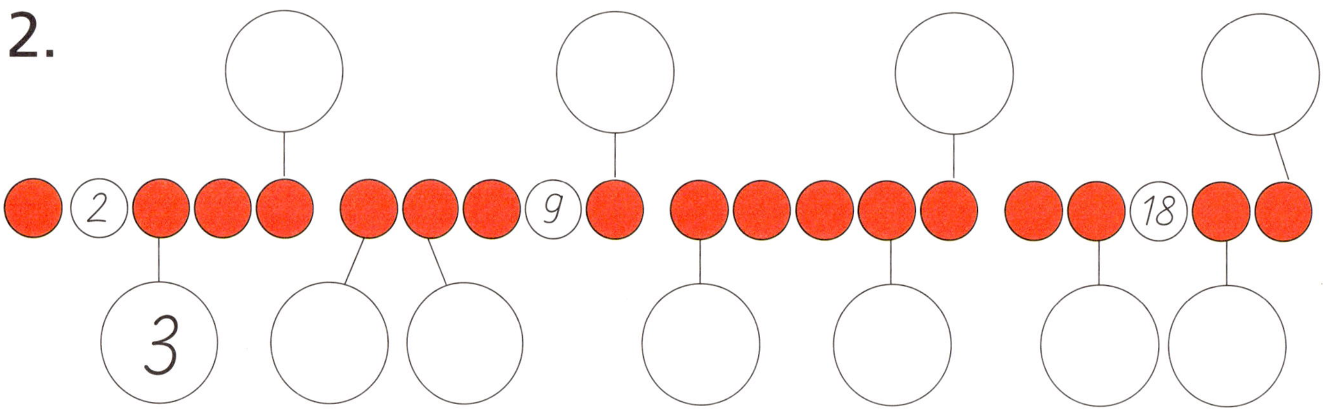

3. Wo verstecken sich die Zahlen?

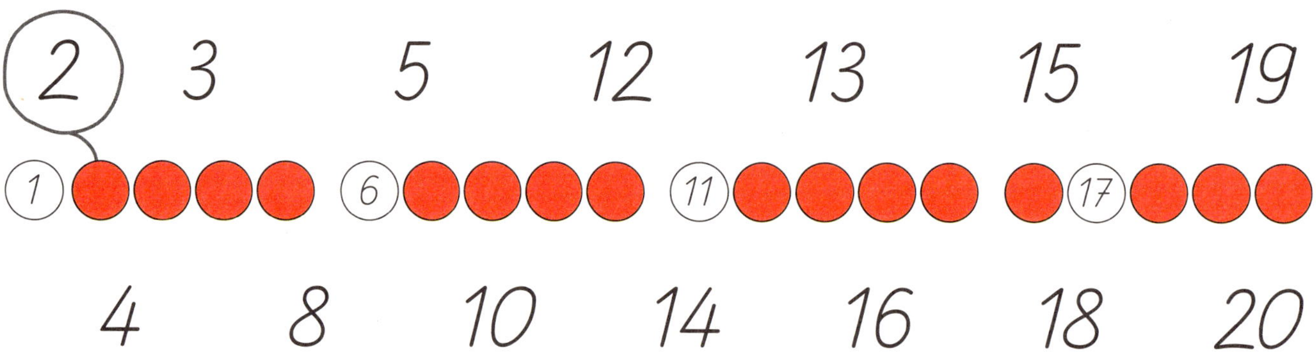

4.

1 Verdeckte Zahlen der Zwanzigerreihe benennen. **2** Verdeckte Zahlen aufschreiben.
3 Zahlen einkreisen, zuordnen.
Grundlegung „Zahlenreihe" (Blitzrechenkurs im Lehrerband)

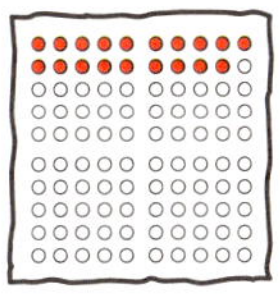

1.

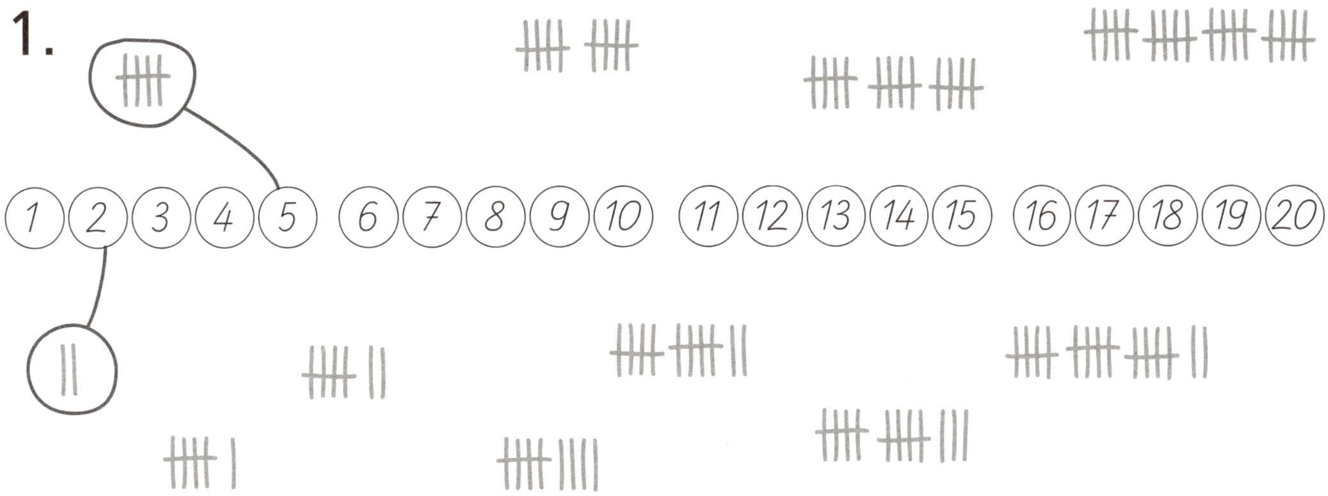

2.

5 + 1 10 + 1 10 + 5 10 + 10

5 10 15 20

1 + 1 5 + 2 5 + 5 10 + 3 10 + 6

3.

Start									
1	2	3	4	5	6	7	8	9	10

1 Strichlisten der Zwanzigerreihe zuordnen. **2** Zahlzerlegungen der Reihe zuordnen.
3 Partnerspiel. Jeder Spieler (Rot oder Blau) darf immer nur 1 oder 2 Plättchen seiner Farbe legen. Wer die 10 legt, gewinnt.

Suche selbst Zahlen.

Zahlen aus der Umwelt wieder erkennen, erzählen.
Selbst Bilder und Gegenstände mit Zahlen sammeln.

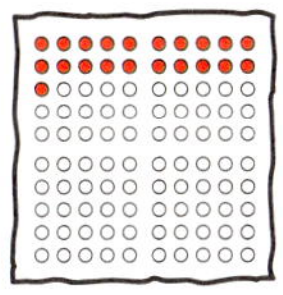

OKTOBER

1 Freitag
2 Samstag
___ Sonntag
___ Montag
___ Dienstag
___ Mittwoch
___ Donnerstag
___ Freitag
___ Samstag
___ Sonntag
___ Montag
___ Dienstag
___ Mittwoch
___ Donnerstag
___ Freitag
___ Samstag
___ Sonntag
___ Montag
___ Dienstag
___ Mittwoch
___ Donnerstag
___ Freitag

Raum ______
Klasse ______
______

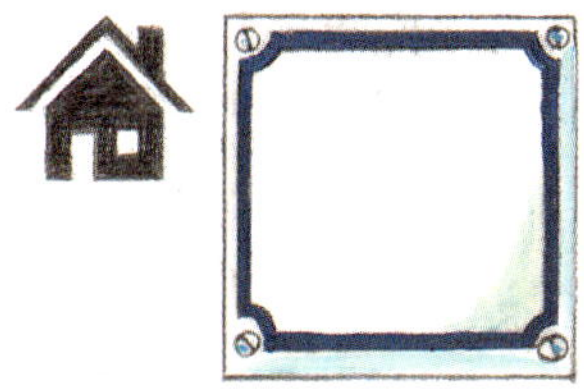

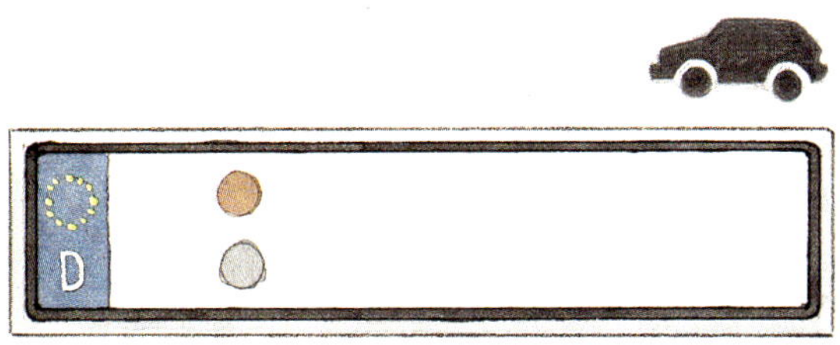

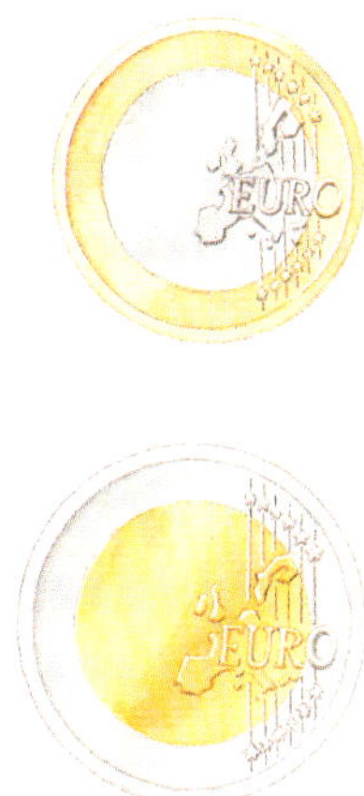

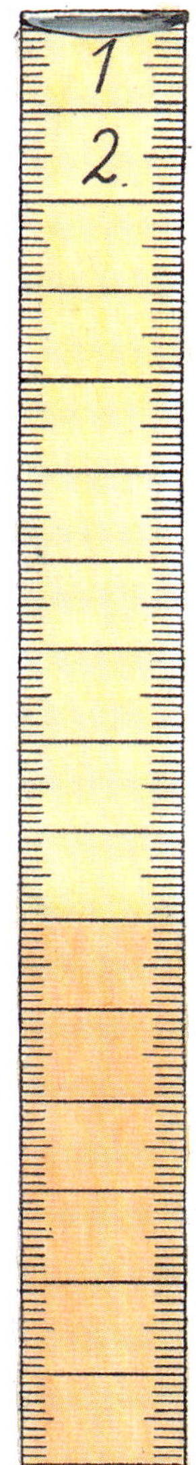

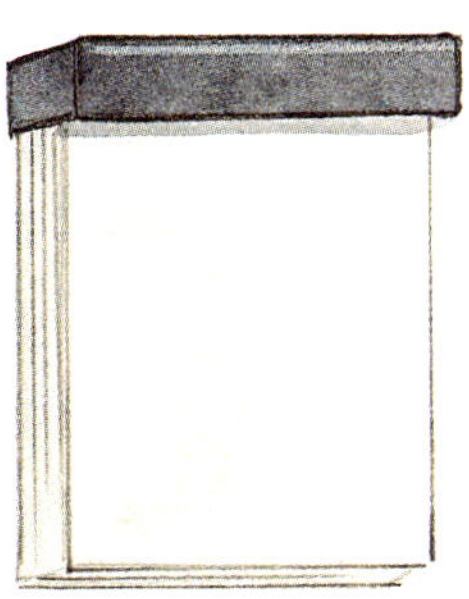

Fehlende Zahlen einsetzen.

Wendekarten

1.

2.

3. 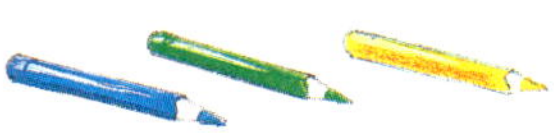

1 Wendekarten der Reihe nach legen und passend zuordnen.
2 Zusammengehörende Punkte- und Zahlenkarten verbinden.
3 Muster fortsetzen.

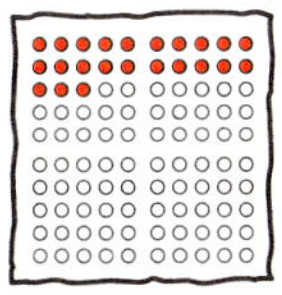

1.

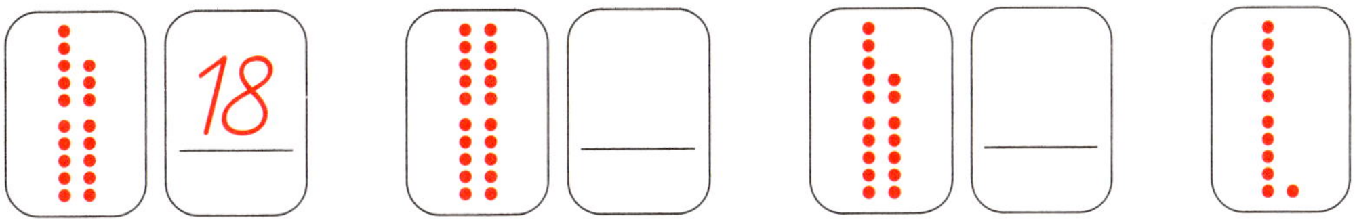

18 | ___ | ___ | ___

2. 4 | 3 | 6 | 2

3.

0 | 1 | 2   8 | 9 | ___   ___ | 6 | ___

___ | 11 | ___   ___ | 19 | ___   ___ | ___ | 17

4. „Immer 5 mehr.“ Lege Quartette.

2 | 7 | 12 | ___   1 | 6 | ___ | ___

4 | ___ | ___ | ___   3 | ___ | ___ | ___

Findest du weitere Quartette?

5.

1 Passende Zahlen schreiben. **2** Passende Anzahl von Punkten malen. **3** Vorgänger – Nachfolger schreiben. **4** Immer vier passende Zahlen zusammenlegen und aufschreiben (Quartett). **5** Muster fortsetzen.

Zerlegen

1. Zusammen immer 10

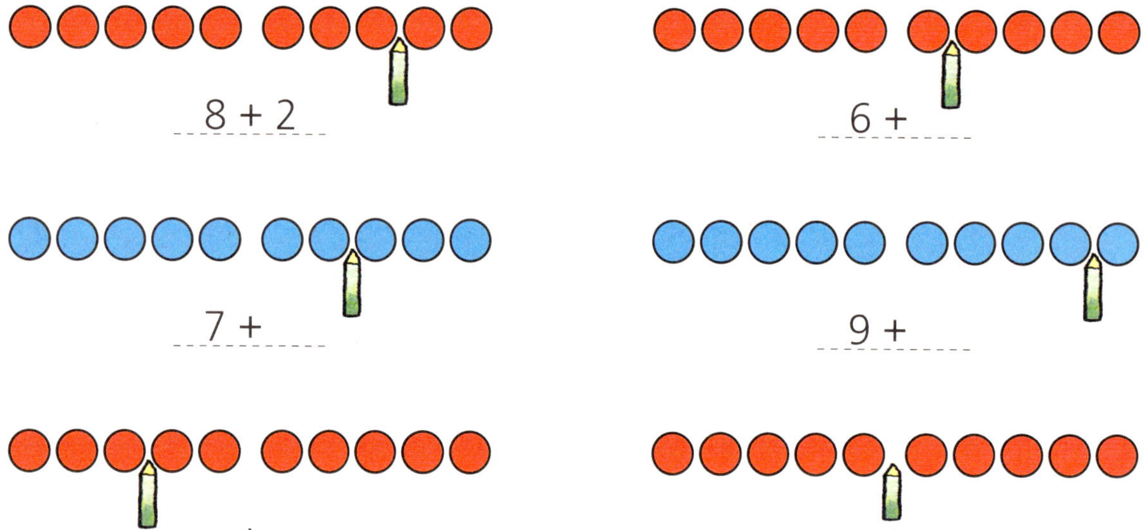

8 + 2 ______ 6 + ______

7 + ______ 9 + ______

___ + ___ ___ + ___

2. Zusammen immer 7

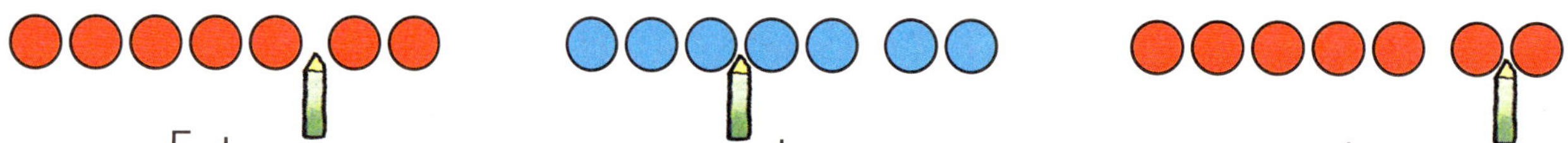

5 + ______ ___ + ___ ___ + ___

3. Zusammen immer 6

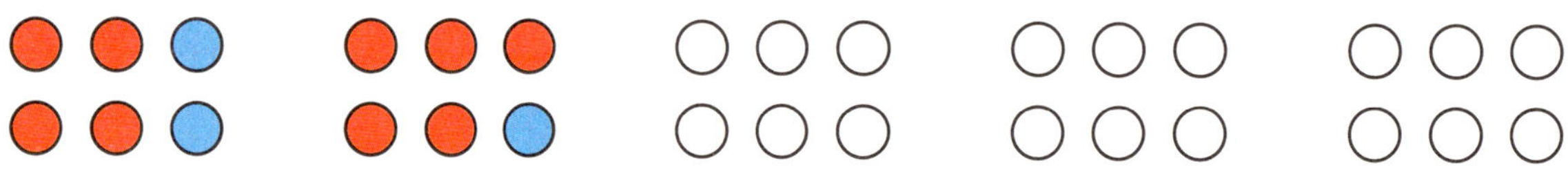

4 + 2 ______ 5 + ______ 4 + ______ 3 + ______ 1 + ______

4. Zusammen immer 9

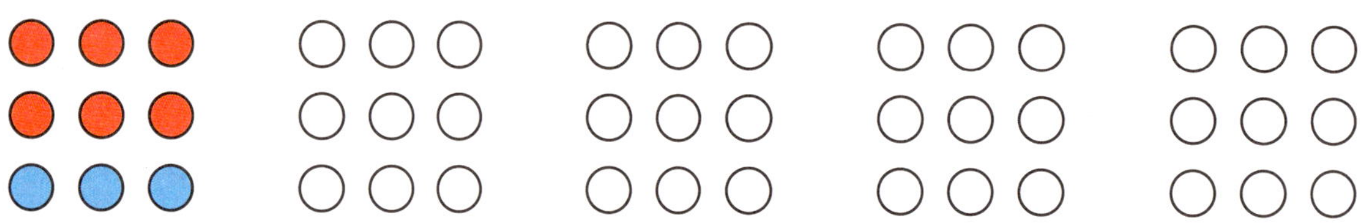

6 + ______ 1 + ______ ___ + ___ ___ + ___ ___ + ___

5. Immer 5. Lege und male.

6. Immer 8. Lege und male.

1, 2 Zahlzerlegungen notieren. **3, 4** Zahlen zerlegen; mit zwei Farben ausmalen.
5, 6 Eigene Muster zu Anzahlen ins Heft malen, Zerlegungen dazu aufschreiben.
Grundlegung „Zerlegen" (Blitzrechenkurs im Lehrerband)

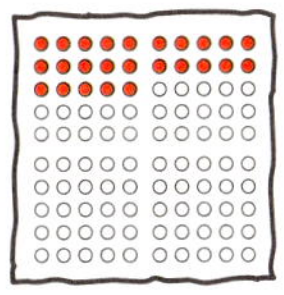

Zahlenhäuser

1.

💡 (an)	💡 (aus)
4	6
7	

10
4 + 6
7 +
+
+
+
+
+
+
+
+
+

2. Lege geordnet.

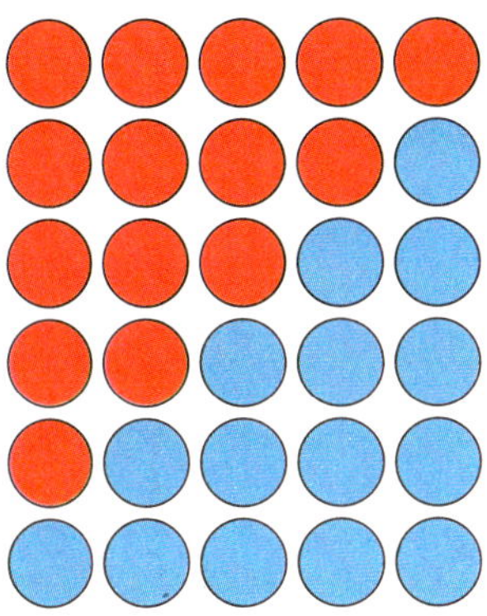

5
5 + 0
+
+
+
+
+

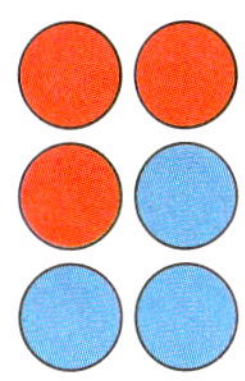

2
2 + 0
+
+

3. Lege.

3
+
+
+
+

4
+
+
+
+
+

6
+
+
+
+
+
+
+

7
+
+
+
+
+
+
+
+

1 Beleuchtete und unbeleuchtete Fenster zählen, entsprechende Zerlegungen im Zahlenhaus notieren.
2, 3 Systematisch zerlegen und aufschreiben.

Immer 10, immer 20

1.

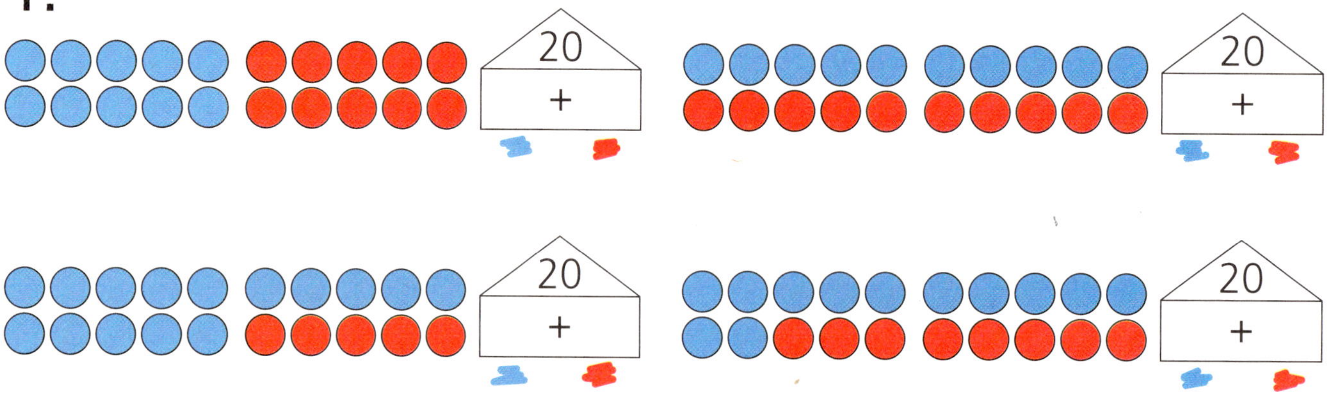

2. Immer 10

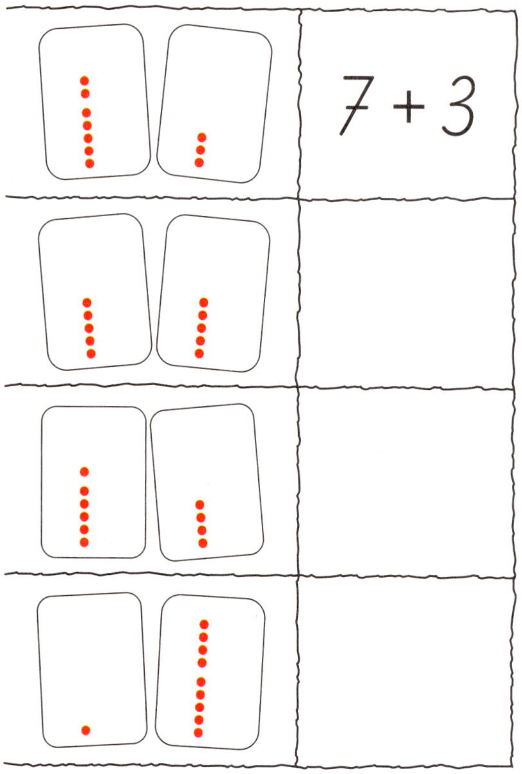

Immer 20

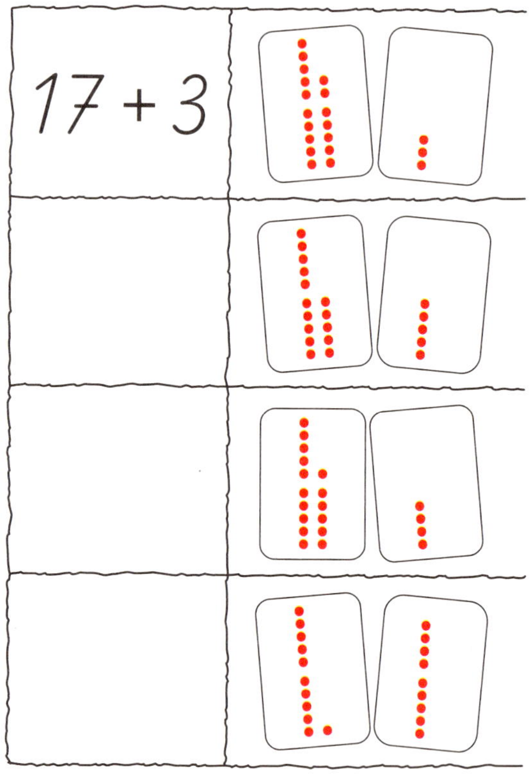

Finde weitere Aufgaben.

1 20 am Zwanzigerfeld zerlegen.
2 10 und 20 mit Wendekarten zerlegen.
Grundlegung „Immer 10/Immer 20" (Blitzrechenkurs im Lehrerband)

1.

Immer 20 Euro. Lege.

2.

_____ Euro

_____ Euro

_____ Euro

_____ Euro

_____ Euro

_____ Euro

3. Lege 11 Euro.

4. Lege 17 Euro.

5. Lege 19 Euro.

1 Eintritt mit 1, 2, 5, 10 und 20 Euro legen.
2 Geldbeträge bestimmen. **3 – 5** Weitere Eurobeträge legen.

Der Reihe nach

1.

1.	2.	3.				

2.

	2.					

3.

4.

1.		3.					8.								16.	

1 – 4 Situationen nachspielen und besprechen, Ordnungszahlen eintragen.

Ordnen

1.

2.

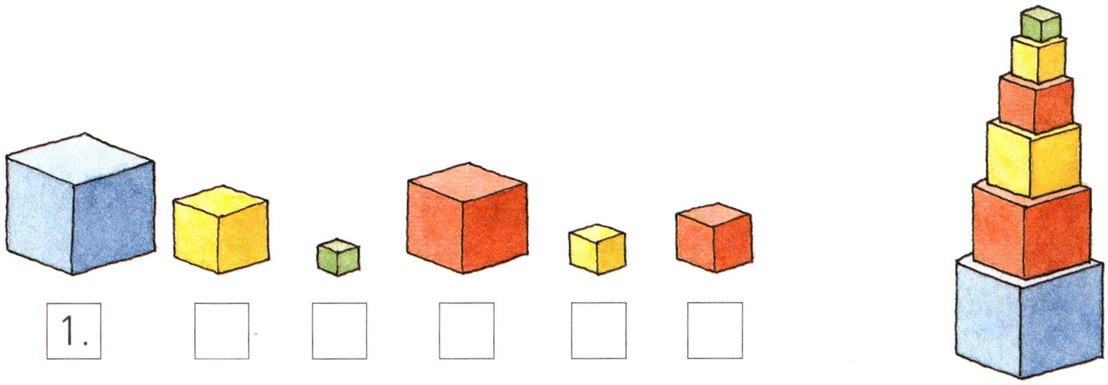

3. Jedes an seinen Platz. Ordne.

4. Was gehört zusammen?

1, 2 Situationen nachbauen, Ordnungszahlen eintragen.
3 Gewichte und Bohrer dem passenden Platz zuordnen.
4 Kugeln und Schachteln passender Größe verbinden.

Was der Spiegel alles kann!

1. Mache ganz.

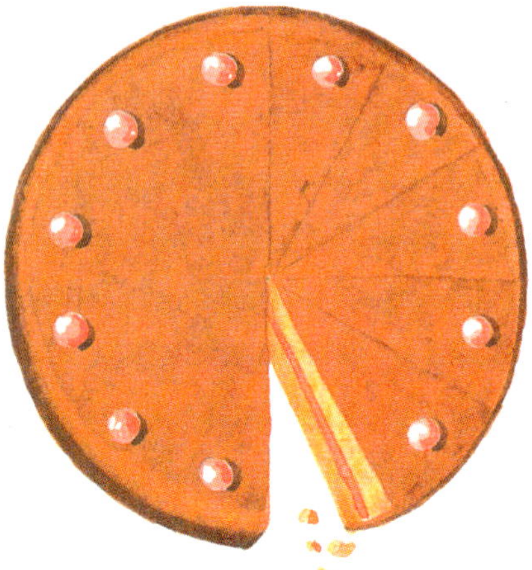

2. Mache lang, mache kurz.

3. Lies.

mit

Lisa

OTTO

1 – 3 Mit einem Spiegel probieren.

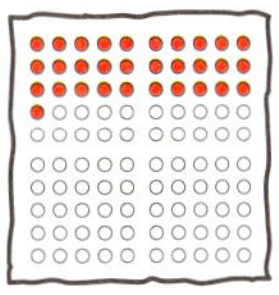

Viel und wenig

1.

2.

3.

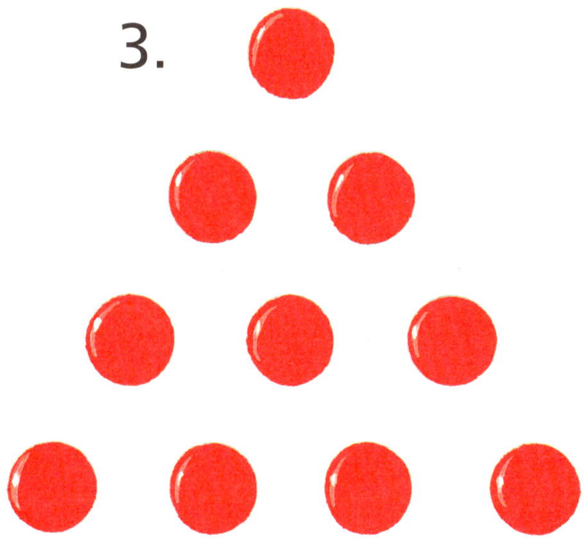

4.

1 – 3 Mit dem Spiegel verschiedene Punktmuster herstellen.
4 Muster fortsetzen.

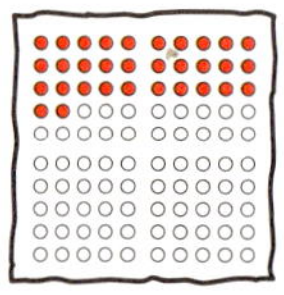

Verdoppeln

1.

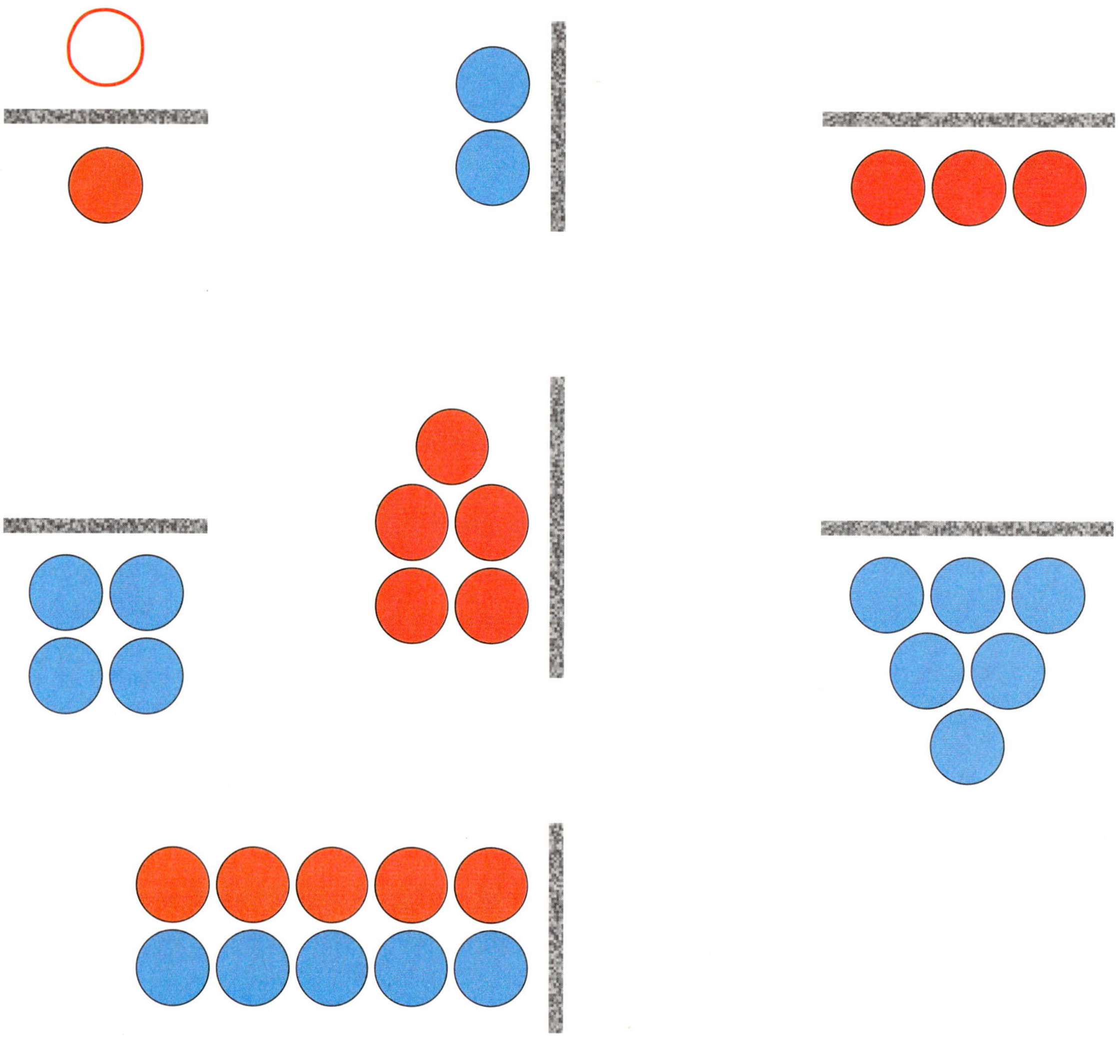

2.  Aus 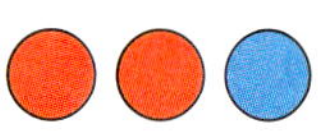 mache 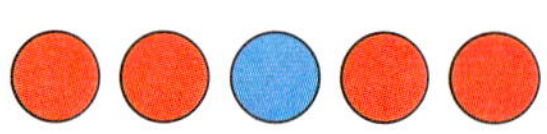.

1 Muster an der Spiegelachse spiegeln. Anzahlen bestimmen.
2 Den Spiegel benutzen!
Grundlegung „Verdoppeln" (Blitzrechenkurs im Lehrerband)

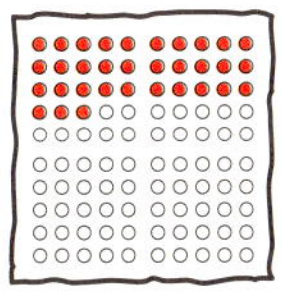

1.

Zahl		das Doppelte	
1	●	● ●	2
2	● ●	● ● ● ●	
3	● ● ●		
4	● ● ● ●		
5	● ● ● ● ●		
6	● ● ● ● ● ●		

2.

Zahl	1	2	3	4	5	7	8	10
das Doppelte	2	4						

3. Axel hat 5 Murmeln. Ina hat doppelt so viele.

4. Paola hat 6 Bonbons. Sie teilt mit Fabian.

5. 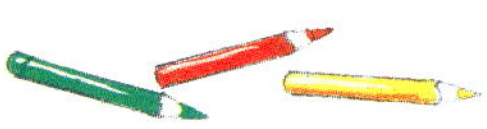

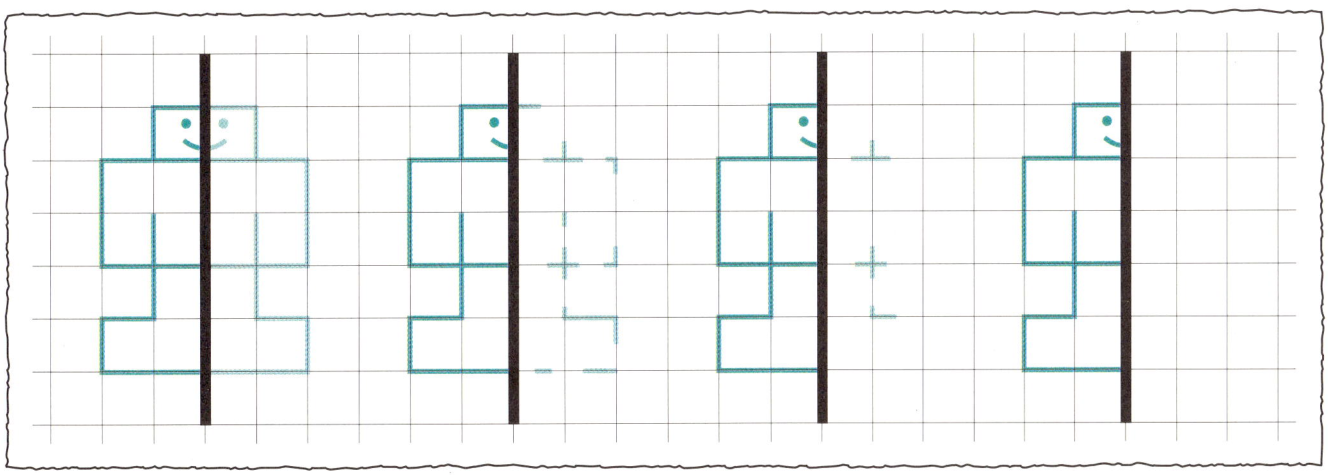

1 Plättchen legen und zeichnen, verdoppeln, Ergebnis aufschreiben.
2 Das Doppelte einer vorgegebenen Zahl aufschreiben.
3, 4 Aufgaben legen und mündlich rechnen. **5** Figuren fertig zeichnen.

3 + 2 = 5

3 plus 2 gleich 5

2 + 1 = ____

5 + 5 = ____

5 + ____ = ____

4 + ____ = ____

Einführung der formalen Schreibweise der Addition (Gleichheitszeichen).
Zu Sachsituationen erzählen, Aufgaben rechnen.

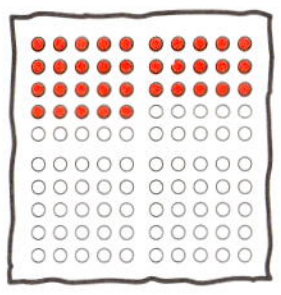

1. 4 + 4 5 + 5 3 + 2

3 + 3 5 + 4 5 + 3

2. Finde selbst Aufgaben.

Zu den Bildern erzählen, Aufgaben rechnen.

1, 2 Aufgaben ins Heft schreiben und ausrechnen.

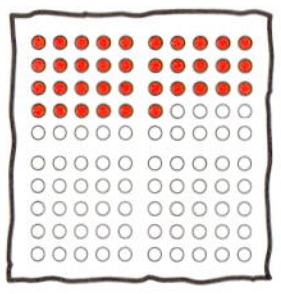

Rechenwege

1. 8 + 7 = _____

Ilka

Marc

Dana

Georg

Wie rechnest du?

2. Einfache Aufgaben

1 + 1 = _____
7 + 1 = _____
9 + 1 = _____
12 + 1 = _____
18 + 1 = _____

10 + 3 = _____
10 + 7 = _____
10 + 4 = _____
10 + 6 = _____
10 + 10 = _____

3.

0 + 0 = _____
2 + 2 = _____
4 + 4 = _____
6 + 6 = _____
8 + 8 = _____

1 + 1 = _____
3 + 3 = _____
5 + 5 = _____
7 + 7 = _____
9 + 9 = _____

4.

3 + 2 = _____
4 + 1 = _____
2 + 3 = _____
1 + 4 = _____
0 + 5 = _____

8 + 2 = _____
9 + 1 = _____
7 + 3 = _____
6 + 4 = _____
5 + 5 = _____

5.

5 + 4 = _____
5 + 1 = _____
5 + 3 = _____
5 + 5 = _____
5 + 2 = _____

5 + 9 = _____
5 + 6 = _____
5 + 8 = _____
5 + 10 = _____
5 + 7 = _____

1 Verschiedene Rechenwege und „Kraft der Fünf" besprechen.
2 Einfache Aufgaben als Vorbereitung für schwere rechnen.

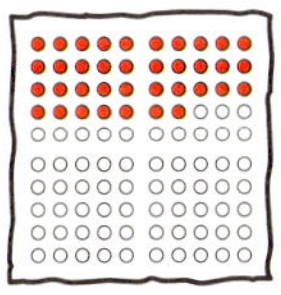

Von einfachen zu schweren Aufgaben

1. Aus 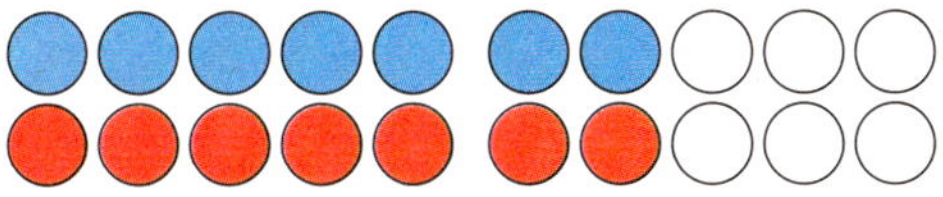 mache 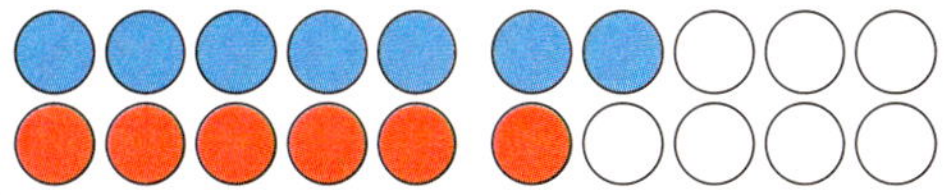

7 + 7 = ____   7 + 6 = ____

2. Aus 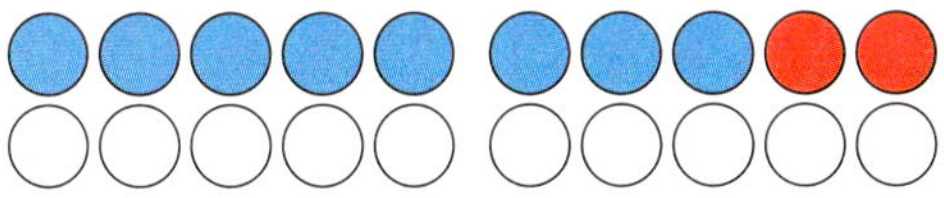 mache 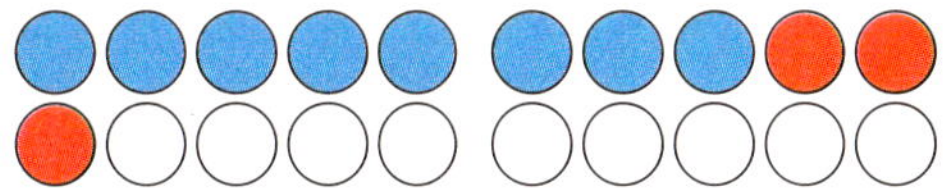

8 + 2 = ____   8 + 3 = ____

3. Aus 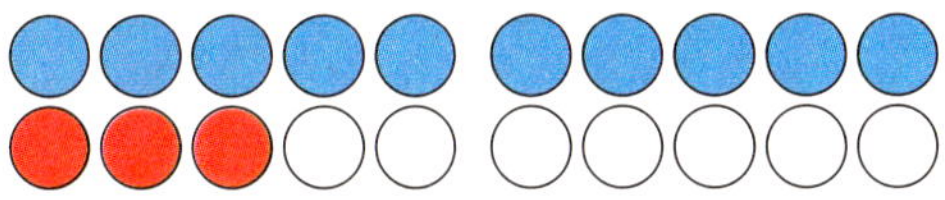 mache 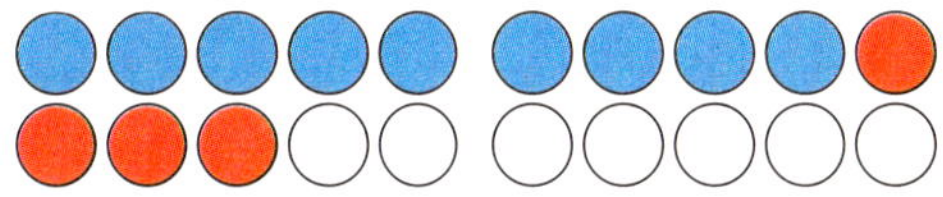

10 + 3 = ____   9 + 4 = ____

4. Lege, rechne, vergleiche.

3 + 3 = ____	6 + 4 = ____
4 + 3 = ____	6 + 3 = ____
4 + 4 = ____	7 + 2 = ____
5 + 4 = ____	7 + 3 = ____
5 + 5 = ____	7 + 4 = ____

5.

6 + 6 = ____	4 + 1 = ____
7 + 5 = ____	4 + 2 = ____
8 + 5 = ____	3 + 3 = ____
8 + 6 = ____	3 + 2 = ____
7 + 7 = ____	2 + 2 = ____

6.

4 + 4 = ____	5 + 5 = ____
8 + 2 = ____	8 + 8 = ____
10 + 2 = ____	10 + 6 = ____
8 + 4 = ____	9 + 7 = ____
8 + 5 = ____	9 + 6 = ____

7.

3 + 2 = ____	10 + 10 = ____
5 + 2 = ____	10 + 9 = ____
9 + 2 = ____	9 + 9 = ____
7 + 2 = ____	9 + 8 = ____
11 + 2 = ____	8 + 9 = ____

8. 

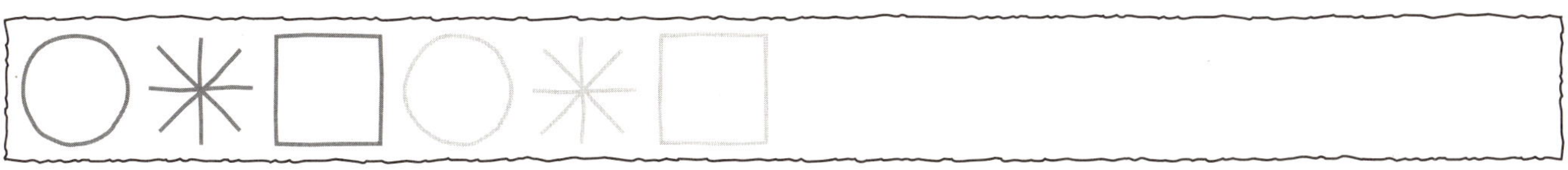

1 – 3 Die erste Aufgabe jeweils mit Plättchen legen und durch Hinzufügen, Wegnehmen oder Wenden eines Plättchens abwandeln.
4 – 7 Rechnen und Beziehungen zwischen den Aufgaben besprechen.

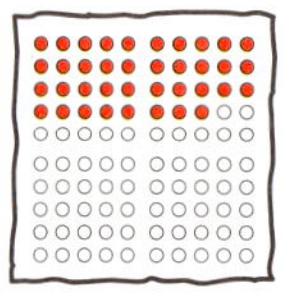

1.

5 + 2 = ...

2 + 5 = ...

2.

6 + 5 = ...
5 + 6 = ...
8 + 7 = ...
7 + 8 = ...

10 + 3 = ...
3 + 10 = ...
2 + 8 = ...
8 + 2 = ...

3.

7 + 6 = ...
6 + 7 = ...
6 + 4 = ...
4 + 6 = ...

1 + 19 = ...
19 + 1 = ...
5 + 15 = ...
15 + 5 = ...

Welche Aufgaben findest du leichter?

4.

Tauschaufgaben haben immer das gleiche Ergebnis. Warum?

5. Schöne Päckchen.

1 + 1 = ...
2 + 1 = ...
2 + 2 = ...
3 + 2 = ...
.....

10 + 6 = ...
9 + 7 = ...
8 + 8 = ...
7 + 9 = ...
.....

6.

5 + 3 = ...
8 + 3 = ...
11 + 3 = ...
14 + 3 = ...
.....

10 + 4 = ...
9 + 5 = ...
7 + 7 = ...
5 + 9 = ...
.....

7. Schöne Päckchen?

1 + 1 = ...
2 + 3 = ...
3 + 5 = ...
4 + 7 = ...
5 + 8 = ...

15 + 5 = ...
14 + 4 = ...
13 + 3 = ...
12 + 2 = ...
11 + 0 = ...

8.

6 + 6 = ...
7 + 6 = ...
7 + 7 = ...
8 + 8 = ...
8 + 7 = ...

10 + 10 = ...
9 + 8 = ...
8 + 6 = ...
7 + 5 = ...
6 + 2 = ...

1 – 3 „Groß plus Klein" als Rechenvorteil gegenüber „Klein plus Groß" herausarbeiten. **4** Die Anzahl ist unabhängig von der Anordnung der Plättchen. **5, 6** Muster besprechen, Päckchen fortsetzen. **7, 8** Muster besprechen und „Störungen" reparieren. Grundlegung „Einspluseins – Plusaufgaben" (Blitzrechenkurs im Lehrerband)

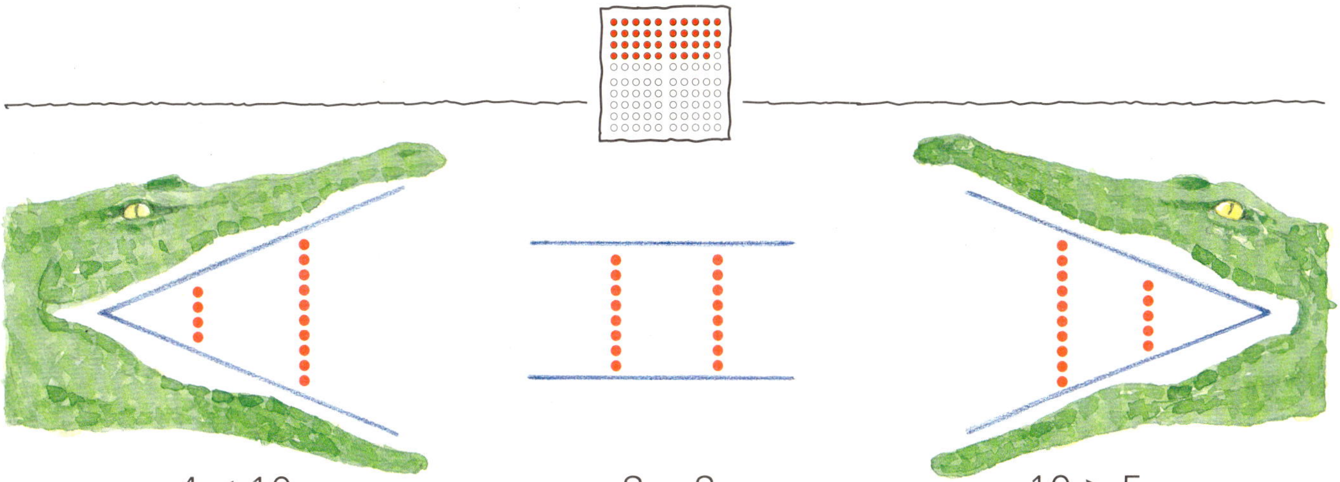

4 < 10
4 ist kleiner als 10

8 = 8
8 gleich 8

10 > 5
10 ist größer als 5

1.

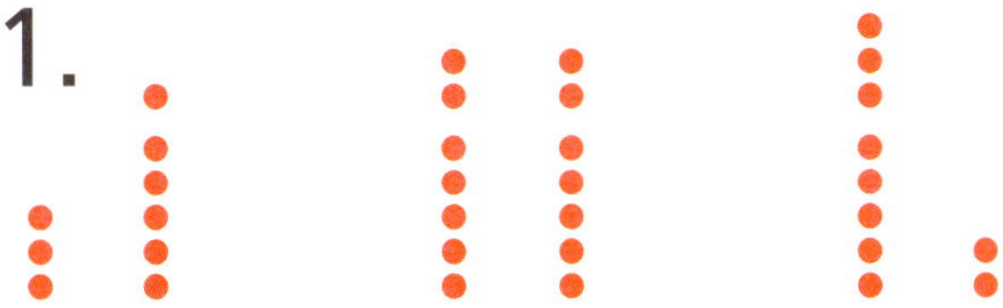

3 < 6 ______ ______

2.

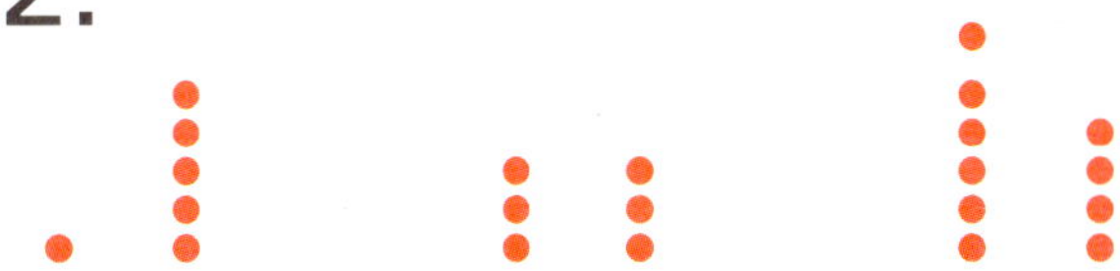

______ ______ ______

3.

5 >	3	12	10	10	7
5	10	9	10	10	10
5	14	18	10	10	13

4.

15	19	13	15	2	20
15	15	5	15	12	20
15	0	16	15	20	20

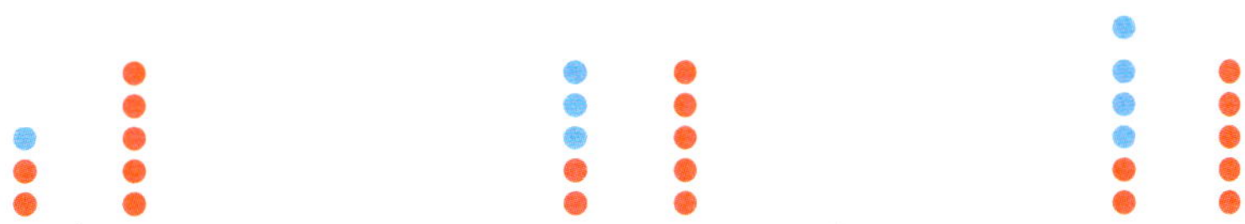

2 + 1 < 5　　2 + 3 = 5　　2 + 4 > 5

5.

3 + 3 > 5	3 + 2 ___ 5
1 + 4 ___ 5	4 + 1 ___ 5
0 + 5 ___ 5	6 + 0 ___ 5

6.

6 + 6 ___ 10	4 + 4 ___ 10
4 + 5 ___ 10	1 + 9 ___ 10
5 + 5 ___ 10	9 + 2 ___ 10

7.

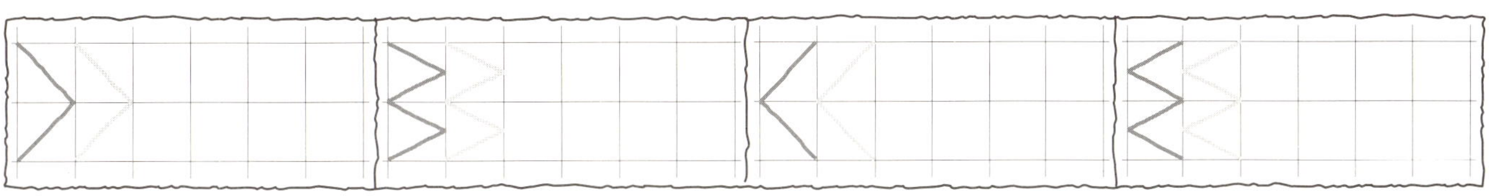

1 – 4 Zahlen vergleichen; >, =, < eintragen.
5, 6 Term und Zahl vergleichen. **7** Muster fortsetzen.

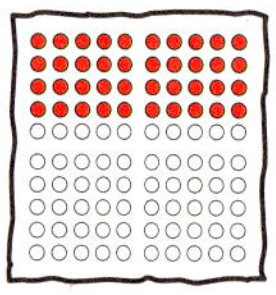

Bald ist Weihnachten!

1.

1
2
3
4
5
6
7
8
9
10
11
12
13
14
15
16
17
18
19
20
21
22
23
24
25
26
27
28
29
30
31

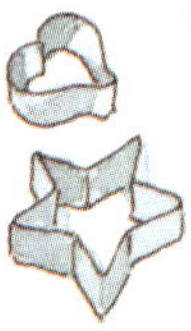

2. Wir haben Teig. Wir haben Formen.
Viele schöne Plätzchen ausstechen!

Wie viele?

3. Lege viele, dann male.

Wie viele?

4.

1 Symbole den Daten zuordnen. **2** Plätzchen ausstechen und backen.
3 So viele Plättchen (Plätzchen) wie möglich legen und umfahren. **4** Muster fortsetzen.

5.

6.

7. Wie viele? Verteile.

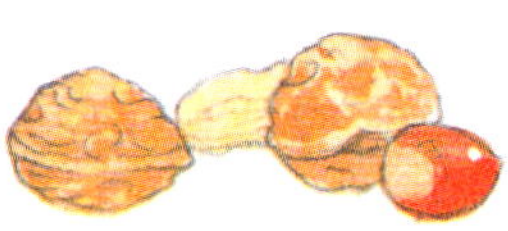

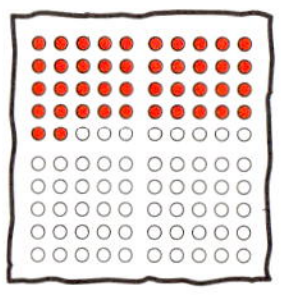

8 − 3 = 5

8 minus 3 gleich 5

9 − 2 = ____

6 − 1 = ____

7 − ___ = ____

10 − ___ = ____

6 − ___ = ____

8 − ___ = ____

Einführung der formalen Schreibweise der Subtraktion (Gleichheitszeichen).
Zu Sachsituationen erzählen, Minusaufgaben rechnen.

1. 5 − 1 7 − 3 7 − 1
6 − 2 8 − 3 7 − 2

2. Finde selbst Aufgaben.

1. Lege **10**, nimm **2** weg. 10 – 2 = 8
   Lege **10**, nimm **3** weg. 10 – 3 =
   Lege **8**, nimm **3** weg. 8 – 3 =
   Lege **8**, nimm **4** weg. 8 – 4 =
   Lege **8**, nimm **2** weg. 8 – =

2. Lege **12**, nimm **2** weg. 12 – =
   Lege **12**, nimm **4** weg. – =
   Lege **12**, nimm **6** weg. – =
   Lege **12**, nimm **8** weg. – =
   Lege **12**, nimm **10** weg. – =

3.

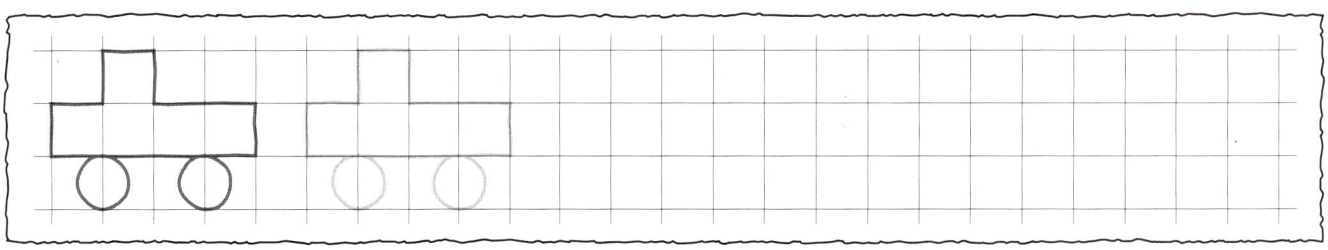

1, 2 Minusaufgaben mit Plättchen am Zwanzigerfeld legen, aufschreiben.
3 Muster fortsetzen.

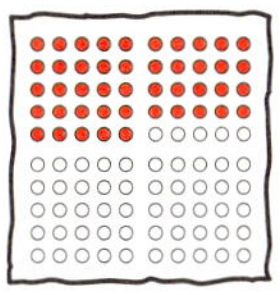

Rechenwege

1.

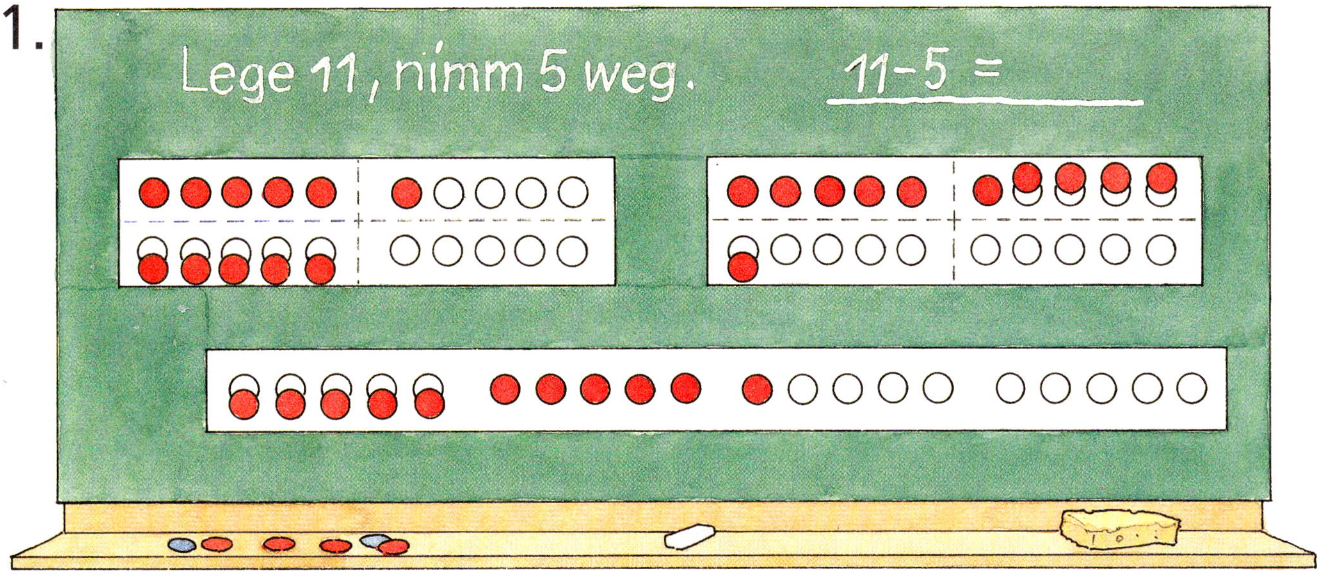

2. Einfache Aufgaben.

5 – 1 = ...	20 – 0 = ...
15 – 1 = ...	15 – 5 = ...
20 – 1 = ...	15 – 10 = ...
19 – 1 = ...	5 – 5 = ...
9 – 1 = ...	5 – 0 = ...

3.

2 – 1 = ...	4 – 2 = ...
6 – 3 = ...	8 – 4 = ...
10 – 5 = ...	12 – 6 = ...
14 – 7 = ...	16 – 8 = ...
18 – 9 = ...	20 – 10 = ...

4. Schöne Päckchen.

10 – 1 = ...	10 – 9 = ...
10 – 2 = ...	10 – 8 = ...
10 – 3 = ...	10 – 7 = ...
10 – 4 = ...	10 – 6 = ...
.....	.....

5.

8 – 5 = ...	12 – 5 = ...
18 – 5 = ...	13 – 5 = ...
9 – 5 = ...	14 – 5 = ...
19 – 5 = ...	15 – 5 = ...
.....	.....

6. 10 Kinder fahren Schlitten. 7 davon sind Mädchen.
Wie viele Jungen sind es?

7. Evi hat  .
Sie kauft einen Ball für 5 Euro. Wie viel Geld bleibt übrig?

1 Verschiedene Legemöglichkeiten besprechen. **2 – 3** Aufgaben rechnen, bei Bedarf legen, Beziehungen zwischen den Aufgaben suchen. **4 – 5** Muster besprechen und fortsetzen. **6, 7** Mit Plättchen nachlegen und handelnd lösen. Grundlegung „Kraft der Fünf" (Blitzrechenkurs im Lehrerband)

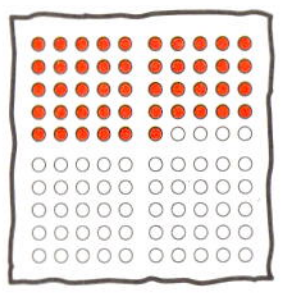

Von einfachen zu schweren Aufgaben

1. Aus 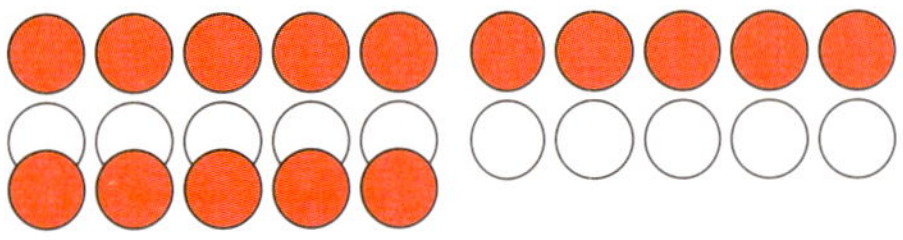 mache 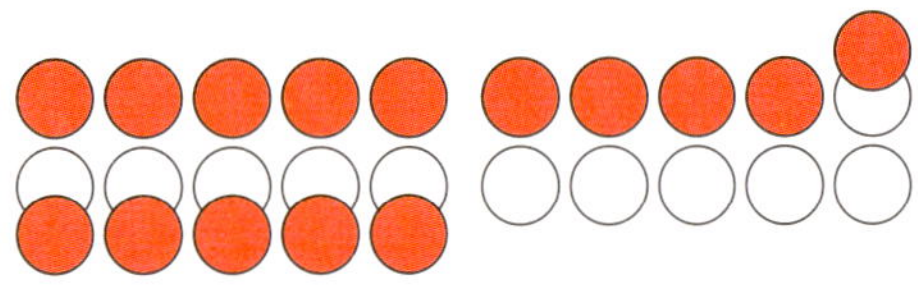

15 – 5 = ...   15 – 6 = ...

2. Aus 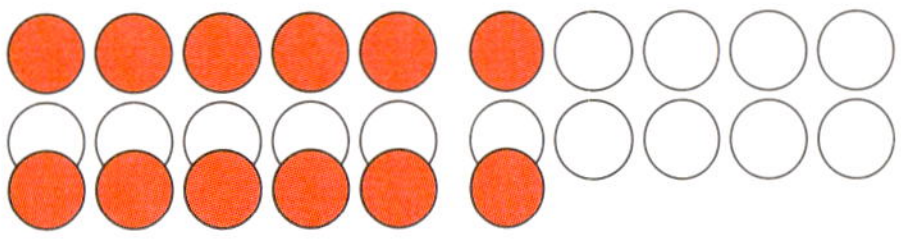 mache 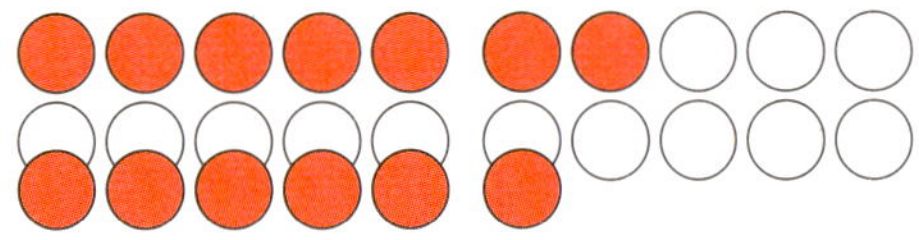

12 – 6 = ...   13 – 6 = ...

3. Aus 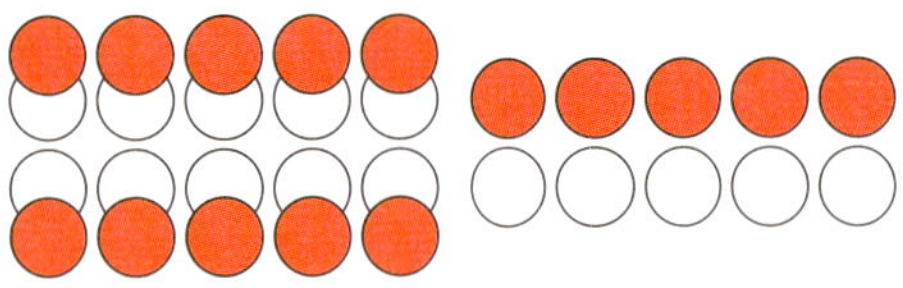 mache 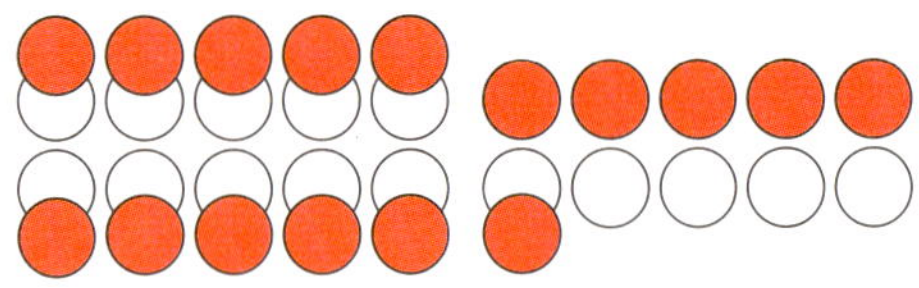

15 – 10 = ...   16 – 11 = ...

4. Lege, rechne, vergleiche.

12 – 2 = ...	15 – 5 = ...
12 – 3 = ...	15 – 6 = ...
12 – 5 = ...	16 – 6 = ...
12 – 6 = ...	16 – 7 = ...
12 – 7 = ...	17 – 7 = ...

5.

14 – 7 = ...	16 – 8 = ...
15 – 7 = ...	15 – 8 = ...
18 – 8 = ...	15 – 10 = ...
17 – 9 = ...	15 – 9 = ...
17 – 10 = ...	16 – 9 = ...

6.

4 – 3 = ...	13 – 3 = ...
14 – 3 = ...	13 – 4 = ...
5 – 2 = ...	13 – 5 = ...
15 – 2 = ...	13 – 6 = ...
15 – 3 = ...	13 – 7 = ...

7.

8 – 4 = ...	10 – 7 = ...
8 – 5 = ...	11 – 7 = ...
18 – 4 = ...	10 – 6 = ...
18 – 8 = ...	10 – 4 = ...
19 – 8 = ...	11 – 4 = ...

8. 

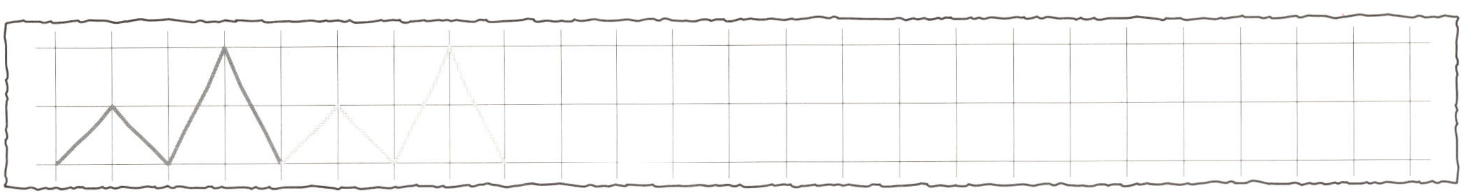

1 – 5 Die erste Aufgabe jeweils mit Plättchen legen und durch Hinzufügen, Wegnehmen oder Wenden eines Plättchens abwandeln. Beziehungen zwischen Aufgaben und Ergebnissen besprechen.
6, 7 Rechnen und Beziehungen besprechen. **8** Muster fortsetzen.

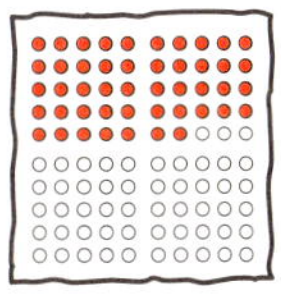

Umkehraufgaben

1.

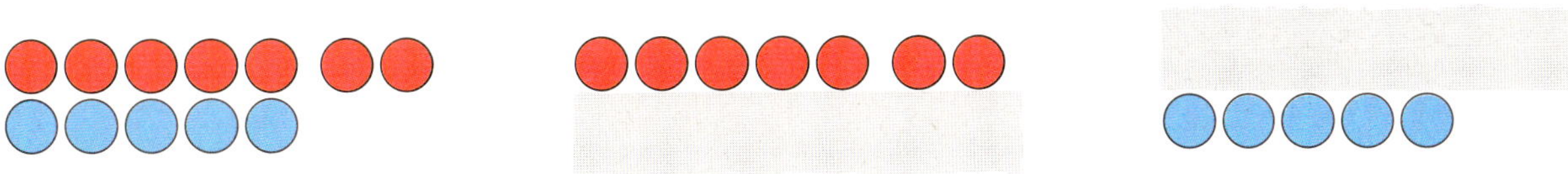

7 + 5 = 12 12 − 5 = ___ 12 − 7 = ___

2. Immer 3 Aufgaben

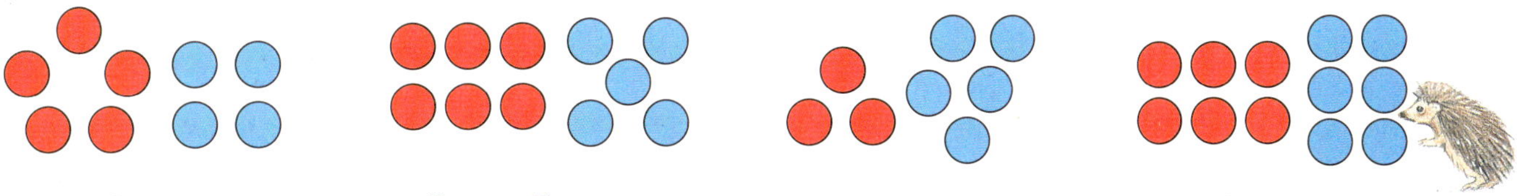

5 + 4 =	6 + 5 =	+ =	+ =
9 − 5 =	11 − =	− =	− =
9 − 4 =	− =	− =	− =

3.

4 + 2 = ___ 6 − 2 = ___ 4 + 2 − 2 = ___

4.

8 + 5 − 5 = ___ 9 + 3 − 3 = ___ 9 + 4 − 3 = ___

8 − 5 + 5 = ___ 9 − 3 + 3 = ___ 9 − 3 + 4 = ___

Finde selbst solche Aufgaben.

1 Beziehung zwischen Aufgabe und Umkehraufgaben besprechen.
2 Aufgabe und Umkehraufgaben rechnen. **3, 4** Rechnen, „ohne zu rechnen".
Grundlegung „Einspluseins – Minusaufgaben" (Blitzrechenkurs im Lehrerband)

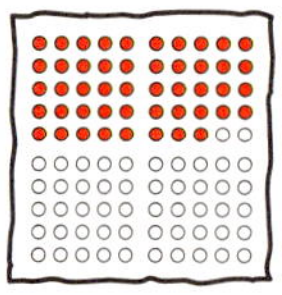

Würfeln

1.

4 + 3 = 7

+ =

+ =

2.

4 + 2 + 1 = 7

+ + =

+ + =

+ + =

3.

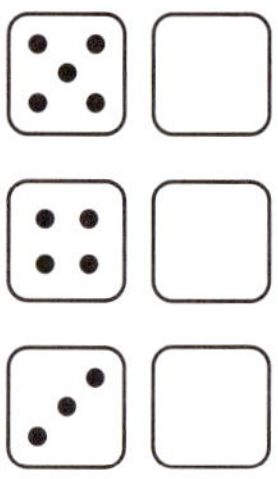

5 + = 6

+ = 6

+ = 6

4.

4 + + = 6

+ + = 6

+ + = 6

5.

Immer 10 mit 

6.

„Würfel kippen“. 13 oder mehr verliert.

Tom würfelt 4 | Anne kippt 2 | Tom kippt 3 | Anne kippt 2 | Tom?

4 | 4 + 2 = 6 | 6 + 3 = 9 | 9 + 2 = 11

1, 2 Augenzahlen addieren. **3, 4** Mögliche Zerlegungen finden und eintragen.
5 Zerlegungen von 10 finden und im Heft notieren.
6 Partnerspiel. Würfel abwechselnd kippen, Augenzahlen fortlaufend addieren.

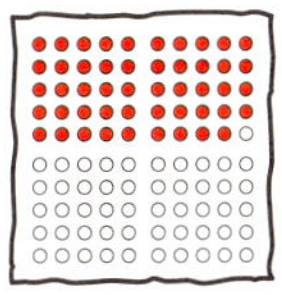

1.

2.

10 + 4 =	8 − 4 =
14 − 5 =	4 + 2 =
+ 2 =	− 4 =
− 6 =	+ 3 =
5 + 3 =	5 − 5 =

3.

10 + 1 =	12 − 1 =
11 − 6 =	+ 5 =
+ 5 =	− 1 =
− 2 =	+ 6 =
+ 4 =	

4.

Schlaufenknoten

Mit dem Schlaufenknoten kannst du eine Schnur an einem Haken befestigen.

1 „Räuber und Goldschatz" spielen, Rechnungen im Heft notieren.
2, 3 Aufgaben zu „Räuber und Goldschatz" nachrechnen, Spielzüge nachvollziehen und beschreiben.
4 Zweiten nützlichen Knoten üben.

Erzählen und rechnen

Finde weitere Aufgaben.

Zu farbig gerahmten Ausschnitten Aufgaben finden und rechnen.

1.

2.

3.

4.

5.

1 – 5 Rechengeschichten erzählen und passende Plus- oder Minusaufgaben schreiben.

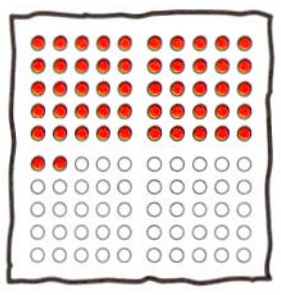

1.

7		
3	4	
1	2	2

5	4	
2	3	1

6		
2	4	1

2.

20		
5	5	5

6	4	6

8		
5		5

3.

0	1	1	2

12			
7			
4			
2		1	1

4.

1 – 3 Den Aufbau der Mauer herausfinden, fehlende Zahlen ergänzen.

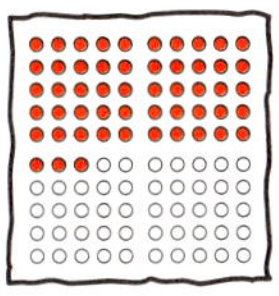

1.

Was fällt dir auf?

2. Aus 1 7 10 3 2 5 legt Fatima

10
7 3
5 2 1

Wie geht es noch?

3. Lege Zahlenmauern

aus 3 5 8 9 12 20 aus 18 12 10 6 4 2

aus 8 3 5 7 2 15 aus 9 16 3 4 5 7

4. Tims Zahlenmauern

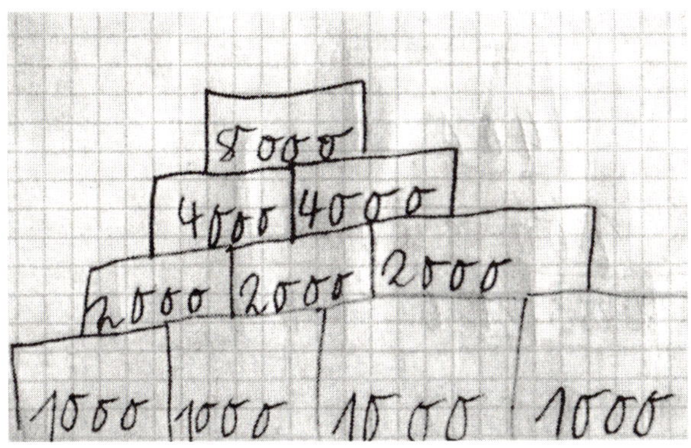

Erfinde selbst Zahlenmauern.

1 Fehlende Zahlen ergänzen, Aufgaben besprechen.
2, 3 Aus 6 Wendekarten jeweils eine Zahlenmauer legen.
4 Tims Zahlenmauern besprechen als Anregung für Eigenproduktionen.

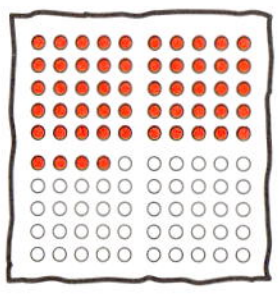

Der Meterstab

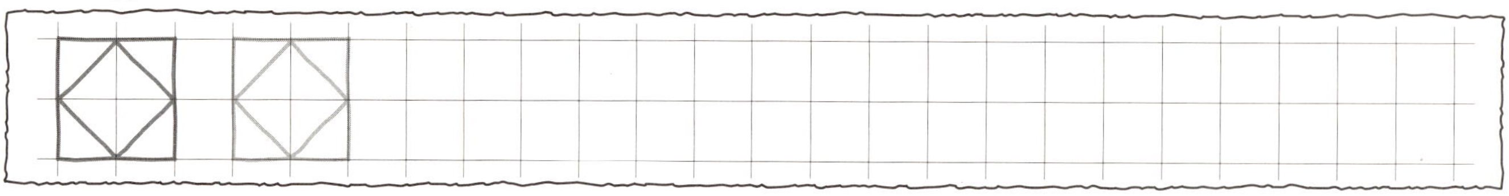

Probieren und zählen, wie oft der Meterstab jeweils angelegt werden kann.
Muster fortsetzen.

Falten, schneiden, legen

1.

2.

3.

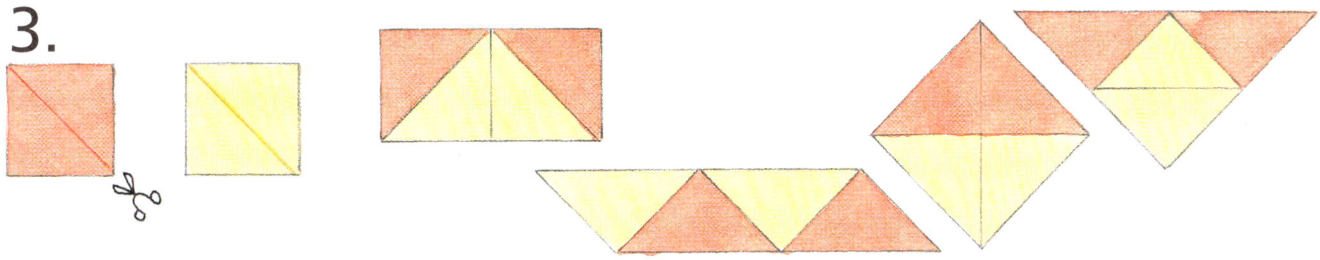

4.

1 – 4 Papier falten, an der Faltlinie zerschneiden.
Aus den Teilflächen neue Figuren bilden.

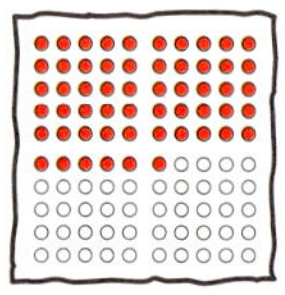

Rechendreieck

1.

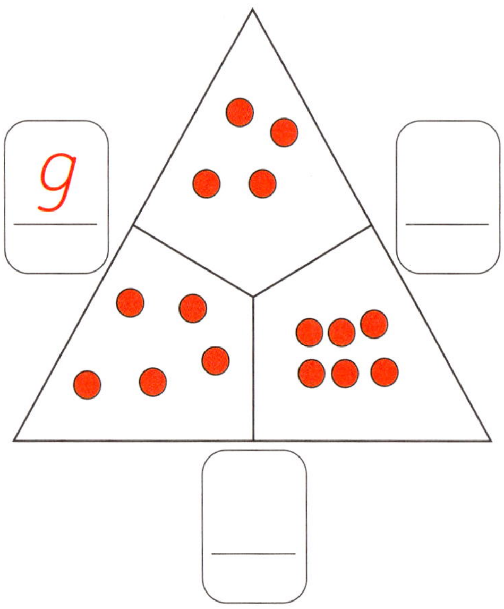

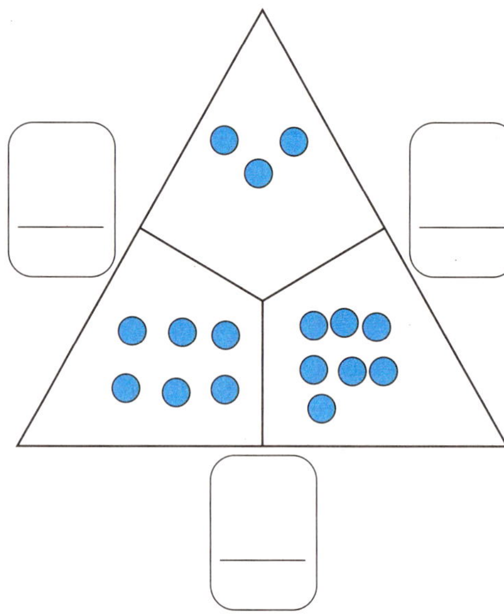

2.

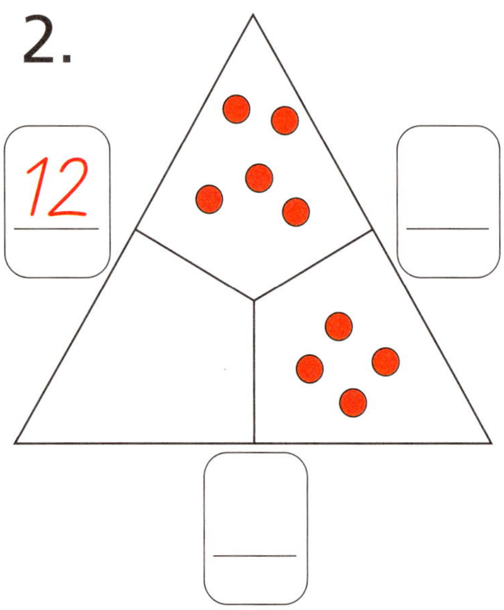

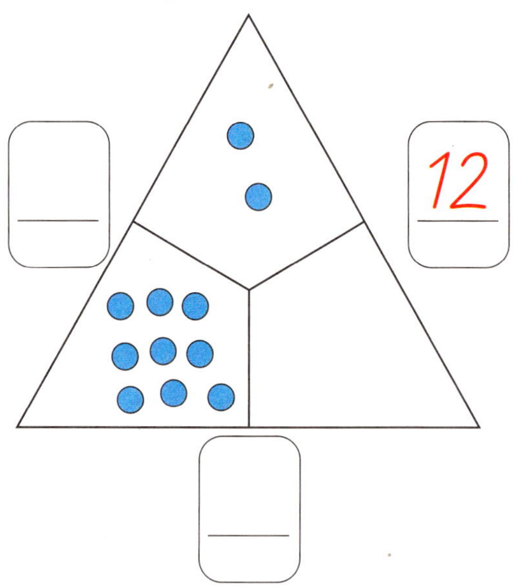

Aufgaben auf Kopiervorlage (großes Rechendreieck) nachlegen.
1 Anzahlen der Plättchen in benachbarten Feldern addieren.
2 Rechendreiecke vervollständigen.

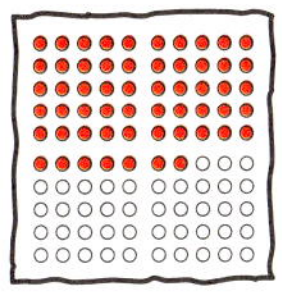

1.

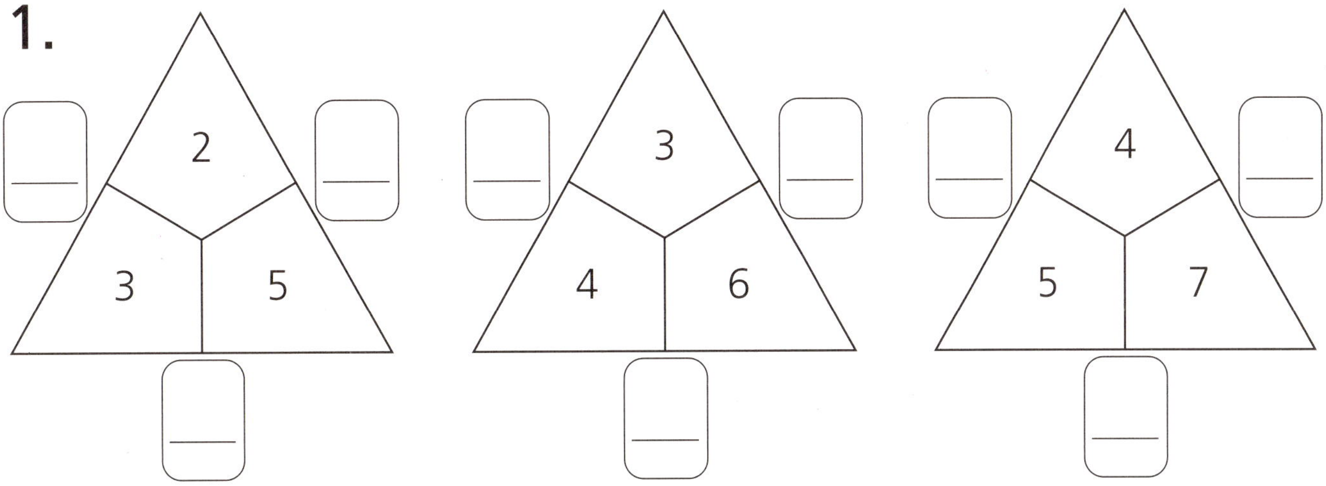

2.

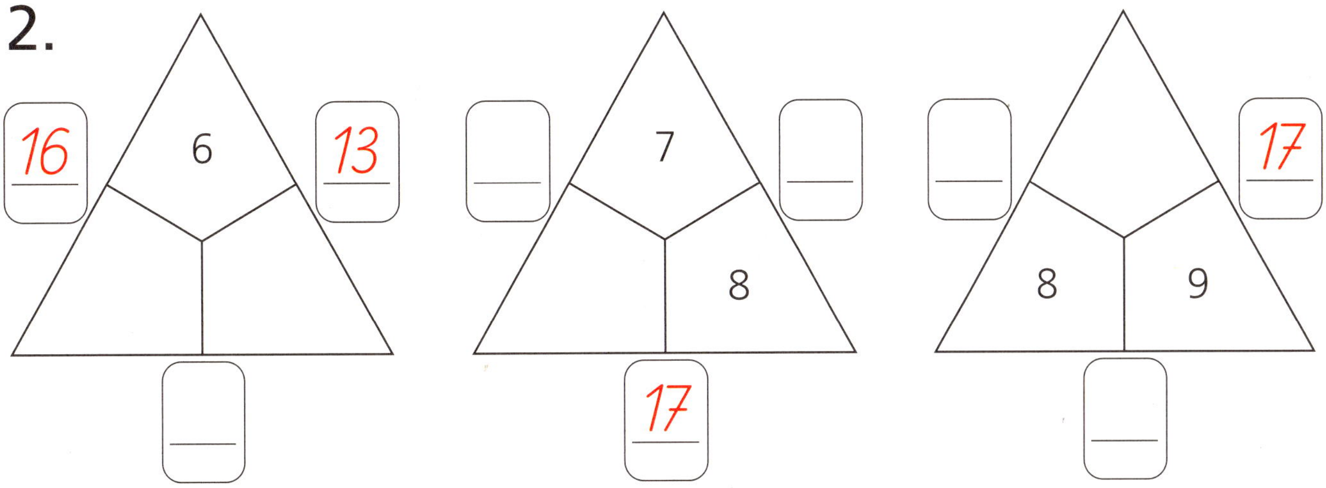

3.

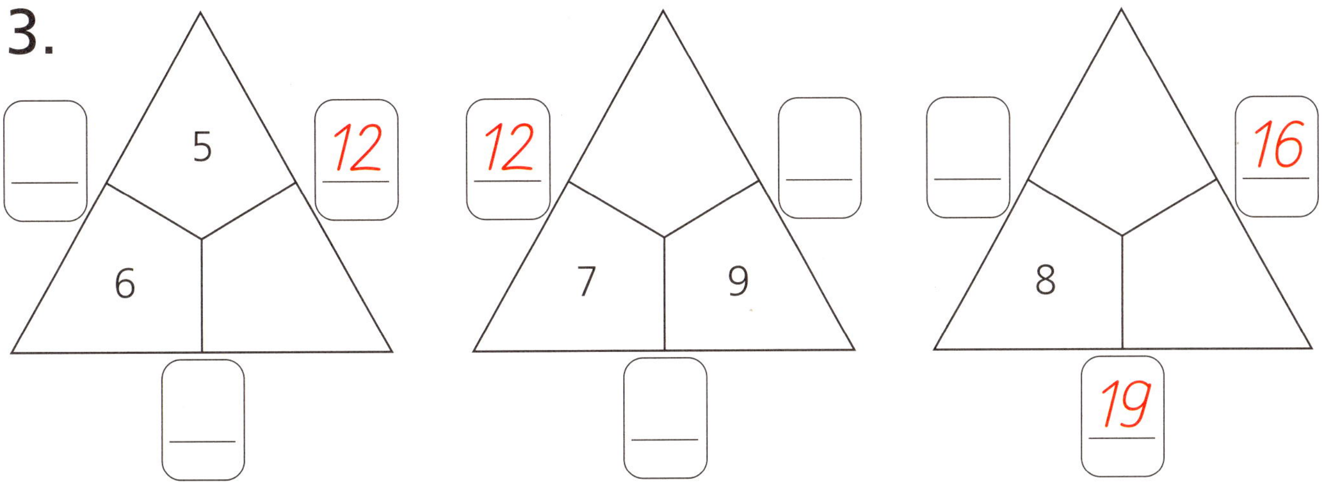

4.

1 – 3 Rechendreiecke vervollständigen und Zahlen vergleichen.
Für weitere Aufgaben Kopiervorlage (kleine Rechendreiecke) verwenden.

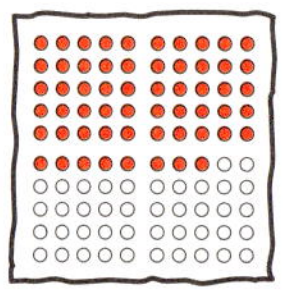

Kugeln formen

Glasbläser im bayerischen Wald

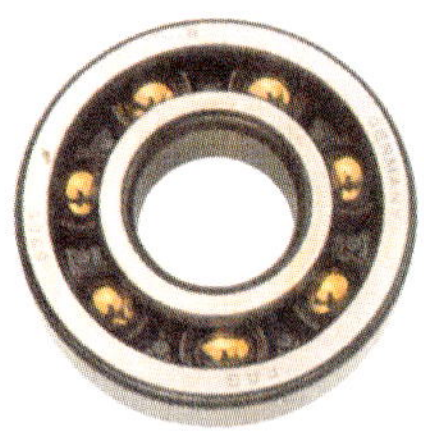

1.

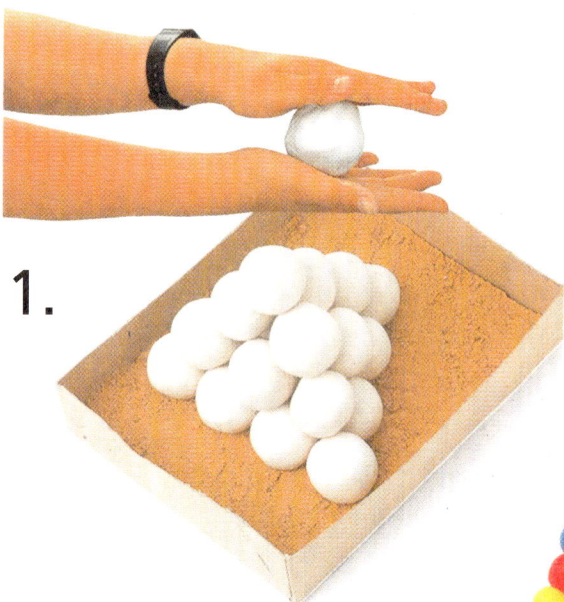

2.

3. 

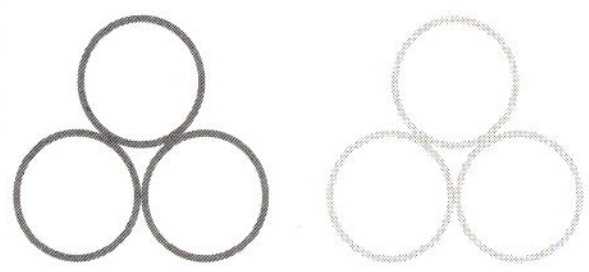

1 Kugeln aus knetbarer Masse selber formen und im Klassenverband Pyramiden bauen.
2 Kugeln in der Umwelt erkennen und besprechen.

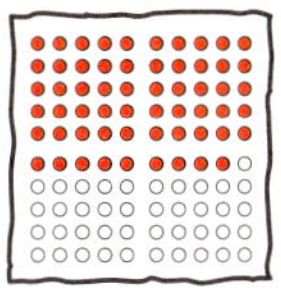

Legen und überlegen

 Ein  und ein .
Alle Kinder wollen spielen.
Lege für die Kinder Plättchen
und schiebe.

1. Im  spielen 3 Kinder.

2. Am  spielen 6 Kinder.

3. Am  und im  spielen gleich viele Kinder.

4. Im  spielen 2 Kinder mehr als am .

5.

 Aus 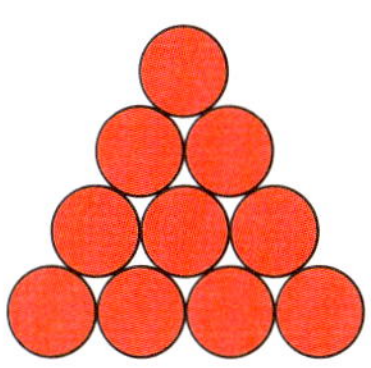 mache 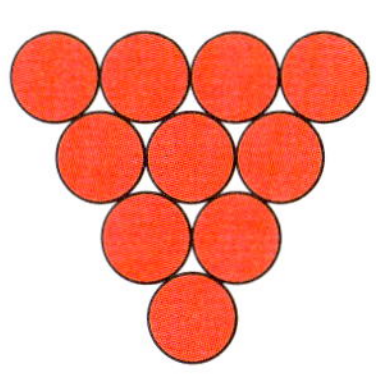 Schaffst du es, nur 3 Plättchen zu bewegen?

1 – 4 Für die Kinder werden stellvertretend Plättchen gelegt und den Aufgaben entsprechend geschoben.
5 Mit Wendeplättchen legen und probieren.

Einspluseins-Tafel

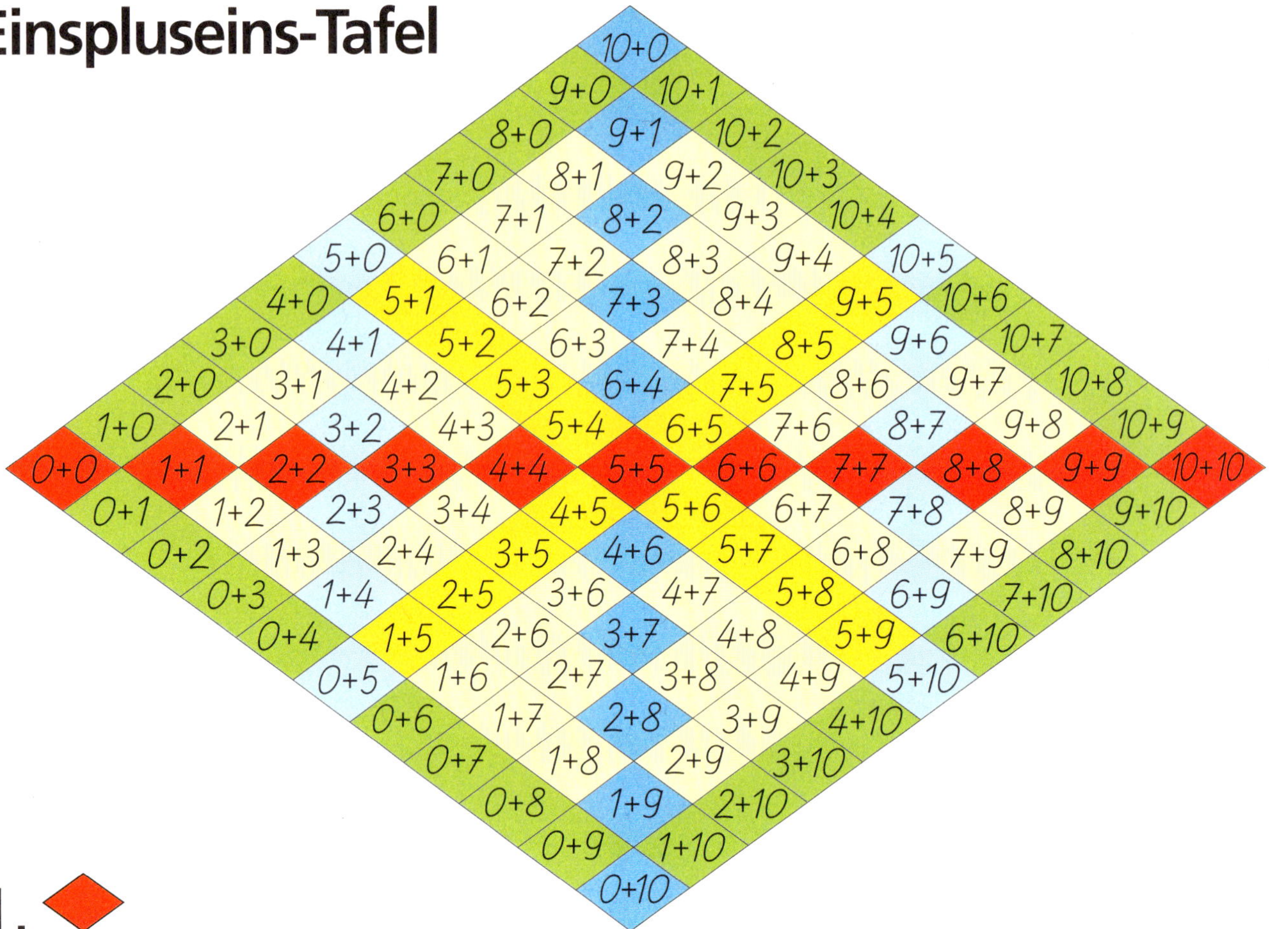

1.

0 + 0 = ...	
1 + 1 = ...	6 + 6 = ...
2 + 2 = ...	7 + 7 = ...
3 + 3 = ...	8 + 8 = ...
4 + 4 = ...	9 + 9 = ...
5 + 5 = ...	10 + 10 = ...

2.

10 + 0 = ...	4 + 6 = ...
9 + 1 = ...	3 + 7 = ...
8 + 2 = ...	2 + 8 = ...
7 + 3 = ...	1 + 9 = ...
6 + 4 = ...	0 + 10 = ...

3. Rechne.

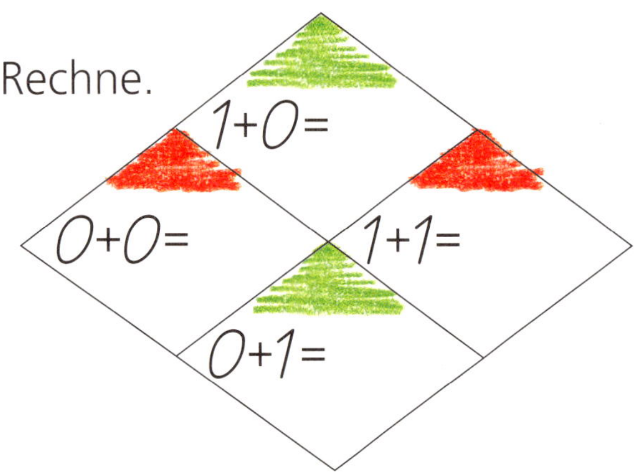

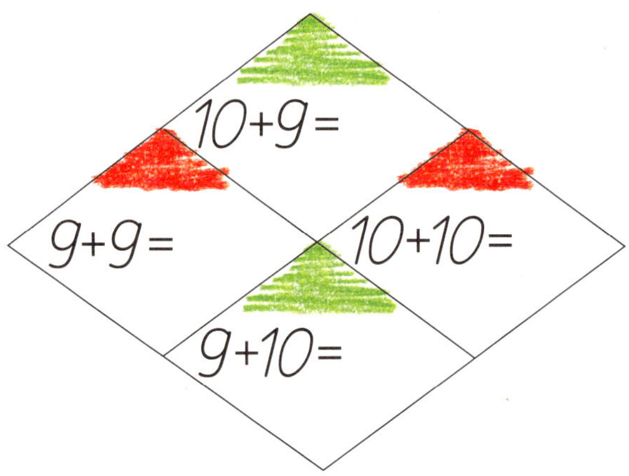

4. Rechne alle .

5. Rechne alle .

Erste Orientierung auf der Einspluseins-Tafel: Aufgaben rechnen und auf der Tafel zeigen.
1 Verdopplungsaufgaben **2** Zehneraufgaben **3** Nachbaraufgaben
4 Fünferaufgaben **5** Randaufgaben

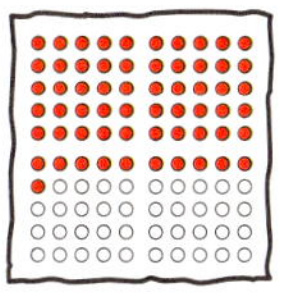

1. Rechne.

10+0=

9+0= 10+1=

8+0= 9+1= 10+2=

7+0= 8+1= 9+2= 10+3=

7+1= 8+2= 9+3=

7+2= 8+3=

7+3=

2.

3+2= 4+3= 5+4= 6+5=

2+2= 3+3= 4+4= 5+5= 6+6=

2+3= 3+4= 4+5= 5+6=

3.

6 + 5	5 + 6
7 + 6	6 + 7
8 + 7	7 + 8

4.

4 + 1	1 + 4
5 + 2	2 + 5
6 + 3	3 + 6

5.

9 + 2	2 + 9
9 + 3	3 + 9
9 + 4	4 + 9

6. Welche Zahl ist das Doppelte von 3?

7. Von welcher Zahl ist 12 das Doppelte?

1, 2 Ausschnitte auf der Einspluseins-Tafel suchen, ausrechnen.
3 – 5 Tauschaufgaben an der Einspluseins-Tafel suchen, im Heft ausrechnen. **6, 7** Mündlich rechnen.

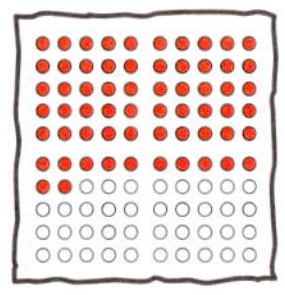

1. Lege.
Rechne.

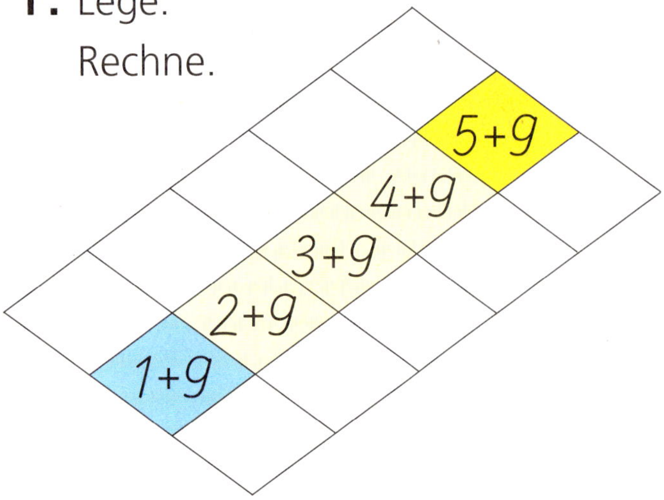

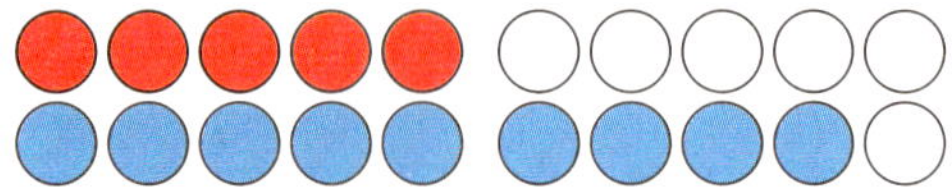

Aus 5 + 9 = ... mache

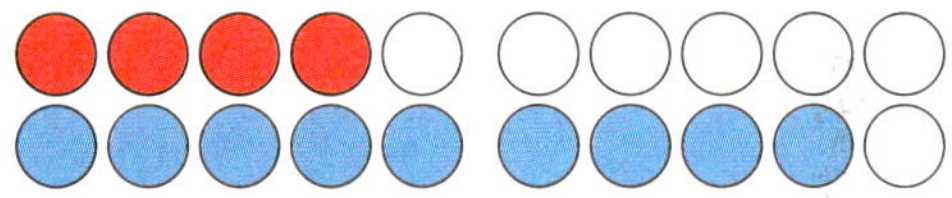

4 + 9 = ...
3 + 9 = ...
2 + 9 = ...
1 + 9 = ...

2.

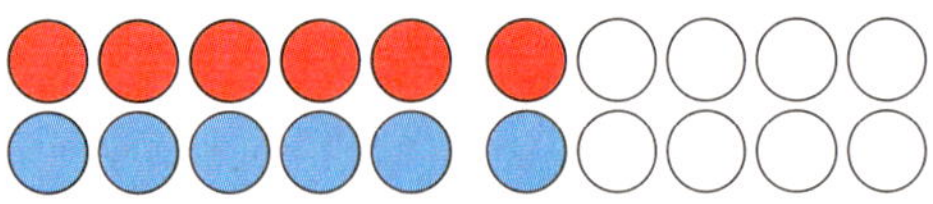

Aus 6 + 6 = ... mache

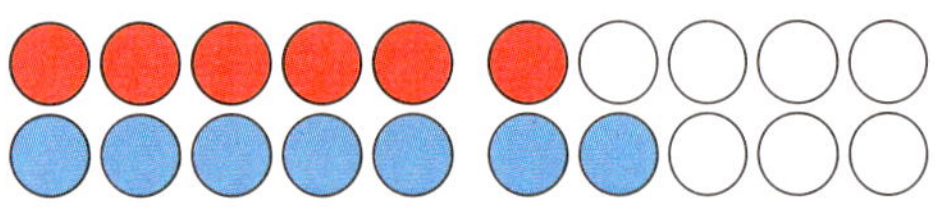

6 + 7 = ...
6 + 8 = ...
6 + 9 = ...
6 + 10 = ...

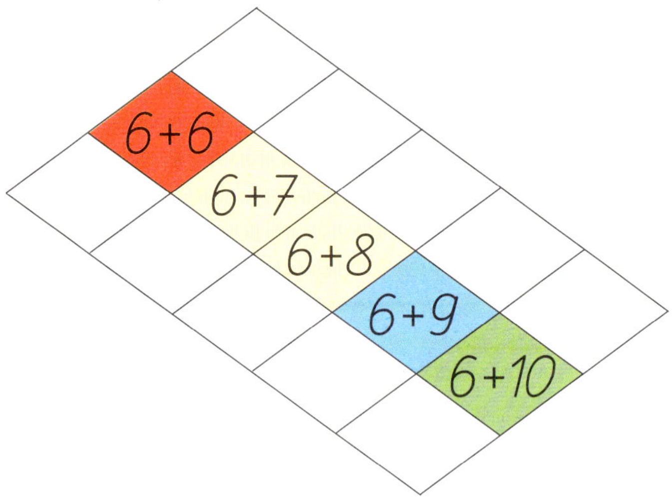

3.

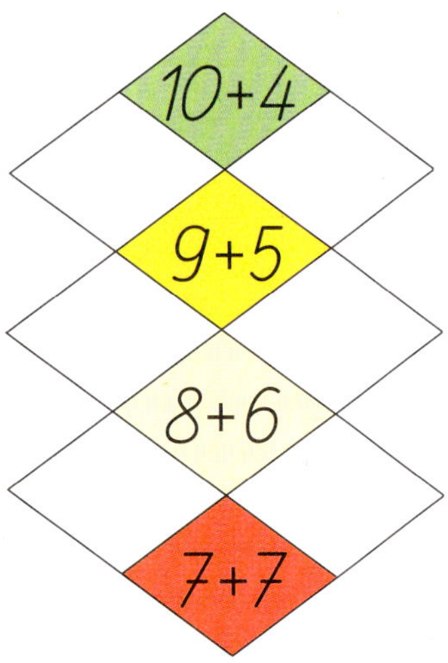

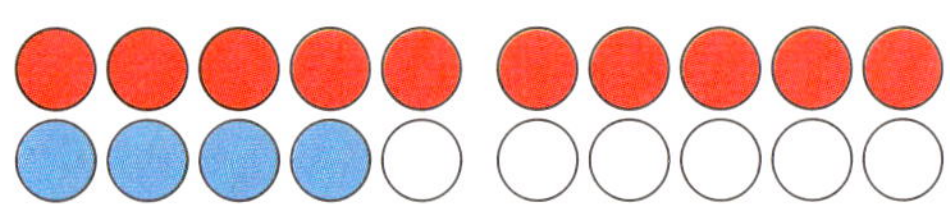

Aus 10 + 4 = ... mache

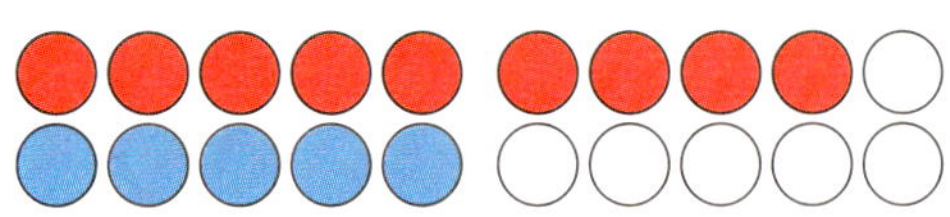

9 + 5 = ...
8 + 6 = ...
7 + 7 = ...

1 – 3 Aufgaben am Zwanzigerfeld legen und rechnen, auf der Einspluseins-Tafel zeigen.

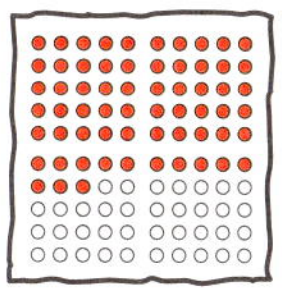

Wege auf der Einspluseins-Tafel

1.

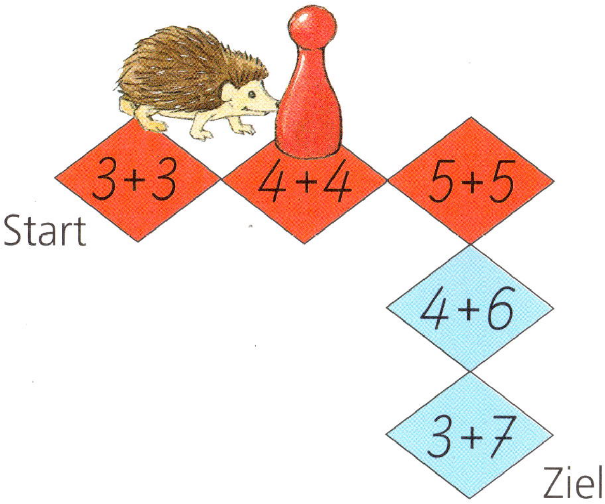

Start 3 + 3 = 6
4 + 4 =
+ = 10
+ =
3 + 7 = Ziel

2.

Start 5 + 5 =
+ = 11
+ = 12
+ = 13
8 + 6 = Ziel

3.

4 + 6 =
5 + 7 =
+ = 14
+ = 16
8 + 10 =

8 + 2 =
7 + 2 =
+ = 10
+ = 9
6 + 4 =

9 + 6 =
8 + 6 =
+ = 13
+ = 14
7 + 8 =

4.

3 + 9 =
+ = 14
+ = 14
+ = 15
7 + 8 =

2 + 8 =
+ = 8
+ = 6
+ = 6
1 + 4 =

5. Finde eigene Wege.

1, 2 Wege auf der Einspluseins-Tafel suchen, Aufgaben rechnen.
3, 4 Wege zu vorgegebenen Aufgaben finden (siehe auch Kopiervorlagen).
5 Selbst Wege finden und entsprechende Aufgaben rechnen.

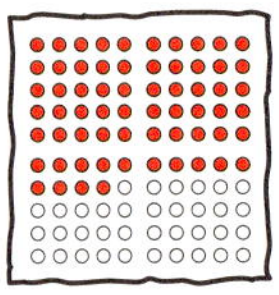

7 + 5 = ____
9 + 5 = ____
11 + 5 = ____
13 + 5 = ____

7 − 5 = ____
9 − 5 = ____
11 − 5 = ____
13 − 5 = ____

6 + 6 = ____
8 + 6 = ____
10 + 6 = ____
12 + 6 = ____

6 − 4 = ____
8 − 4 = ____
10 − 4 = ____
12 − 4 = ____

16 − 8 = ____
15 − 7 = ____
13 − 5 = ____
12 − 4 = ____

1+2+3+4+5+6+7+8+9=

1 + 9 = ____
2 + 8 = ____
3 + 7 = ____
4 + 6 = ____

9 + 1 = ____
8 + 2 = ____
7 + 3 = ____
6 + 4 = ____

9+1+8+2+7+3+6+4+5=

14 − 5 = ____
16 − 7 = ____
18 − 9 = ____
20 − 11 = ____

7 + 5 = ____
12 − 5 = ____
7 + 5 − 5 = ____
7 − 5 + 5 = ____

1 + 2 = ____
1 + 2 + 3 = ____
1 + 2 + 3 + 4 = ____
10 + 5 + 6 = ____

8 + 7 = ____
15 − 7 = ____
8 + 7 − 7 = ____
8 − 7 + 7 = ____

____ 1+2+3+4+5+6=

21 − 1 = ____
20 − 2 = ____
18 − 3 = ____

15 − 4 = ____
11 − 5 = ____
6 − 6 = ____

21 − 6 = ____
15 − 5 = ____
10 − 4 = ____

6 − 3 = ____
3 − 2 = ____
1 − 1 = ____

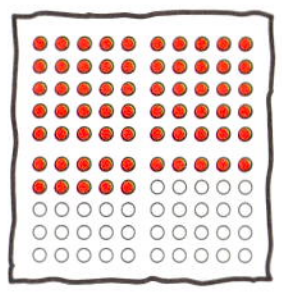

1.
10 + 2 = ___
10 − 2 = ___
10 + 1 = ___
10 − 1 = ___
2 + 1 = ___
2 − 1 = ___

2.
15 + 5 = ___
15 − 5 = ___
15 + 2 = ___
15 − 2 = ___
5 + 2 = ___
5 − 2 = ___

3.

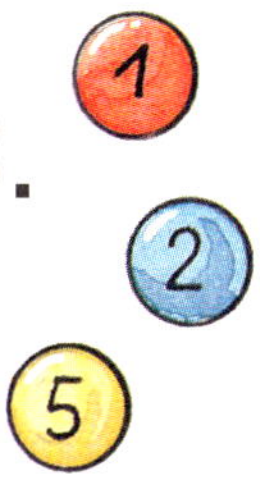

5 + 2 = ___
5 − 2 = ___
5 + 1 = ___
5 − 1 = ___
2 + 1 = ___
2 − 1 = ___

4.

10 + 5 = ___
10 − 5 = ___
10 + 1 = ___
10 − 1 = ___
5 + 1 = ___
5 − 1 = ___

5.

15 + 2 = ___
15 − 2 = ___
15 + 1 = ___
15 − 1 = ___
2 + 1 = ___
2 − 1 = ___

6. 

7. 

8. 

9. 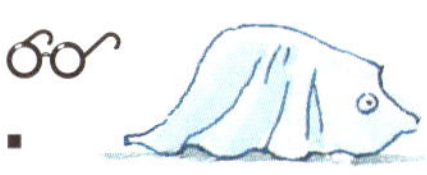 Erfinde selbst Gespensteraufgaben.

10.
7 + 6 = ___
5 + 8 = ___
10 + 3 = ___
1 + 12 = ___

11 + 2 = ___
9 + 4 = ___
13 + 0 = ___
8 + 6 = ___

19 − 6 = ___
20 − 7 = ___
13 − 1 = ___
17 − 4 = ___

11.

7 + ___ = 12
9 + ___ = 12
6 + ___ = 12
5 + ___ = 12

15 − ___ = 12
20 − ___ = 12
18 − ___ = 12
13 − ___ = 12

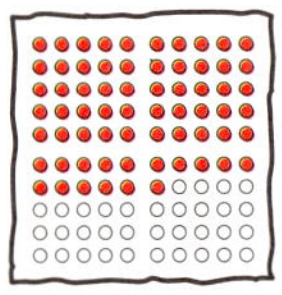

< oder > oder = ?

1. Vergleiche.

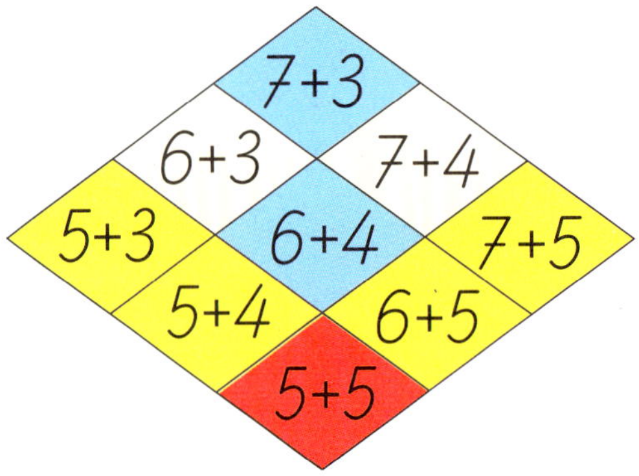

6 + 3 < 10	7 + 3 = 10	7 + 4 > 10
5 + 3 ☐ 10	6 + 4 ☐ 10	7 + 5 ☐ 10
5 + 4 ☐ 10	5 + 5 ☐ 10	6 + 5 ☐ 10

2.

2 + 1 ☐ 5	2 + 2 ☐ 10
2 + 2 ☐ 5	4 + 4 ☐ 10
2 + 3 ☐ 5	5 + 5 ☐ 10
2 + 4 ☐ 5	7 + 7 ☐ 10
2 + 5 ☐ 5	10 + 10 ☐ 10

3.

8 + 6 ☐ 10	9 + 0 ☐ 15
7 + 5 ☐ 10	9 + 2 ☐ 15
6 + 4 ☐ 10	9 + 4 ☐ 15
5 + 3 ☐ 10	9 + 6 ☐ 15
4 + 2 ☐ 10	9 + 8 ☐ 15

4.

18 − 3 ☐ 5	14 − 3 ☐ 10
8 − 3 ☐ 5	15 − 4 ☐ 10
17 − 4 ☐ 5	16 − 6 ☐ 10
7 − 4 ☐ 5	6 − 6 ☐ 10
12 − 7 ☐ 5	17 − 7 ☐ 10

5.

19 − 4 ☐ 15	17 − 5 ☐ 15
20 − 5 ☐ 15	16 − 6 ☐ 15
20 − 4 ☐ 15	9 − 0 ☐ 15
15 − 0 ☐ 15	18 − 2 ☐ 15
15 − 6 ☐ 15	19 − 4 ☐ 15

6. In einer Burg sind 7 Zimmer.
In jedem Zimmer wohnen 2 Gespenster.

1 – 5 Zeichen einsetzen, evtl. Einspluseins-Tafel benutzen.
6 Aufgabe mündlich rechnen.

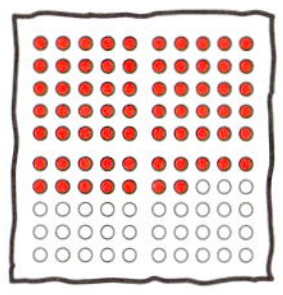

1.

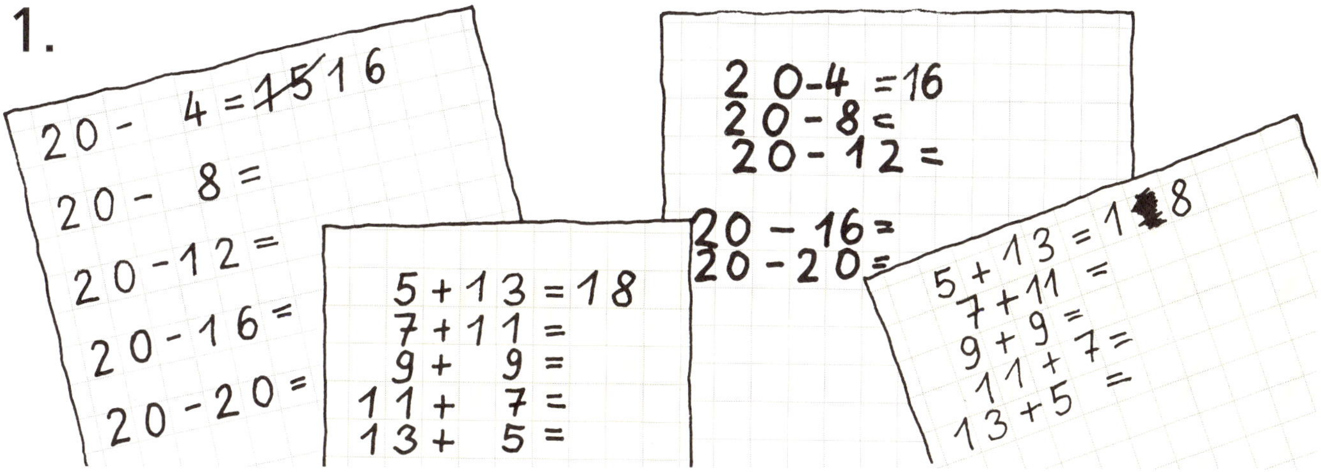

2. 3 + 17, 13 + 7, 4 + 14, 14 + 4, 9 + 11

3. 19 – 3, 8 – 4, 17 – 5, 6 – 6, 15 – 7

4.

11 + 4 – 5 = ...	15 – 5 + 6 = ...	11 + 5 – 4 = ...
13 + 3 – 6 = ...	17 – 6 + 5 = ...	12 + 6 – 2 = ...
15 + 2 – 7 = ...	19 – 6 + 5 = ...	13 + 6 – 3 = ...
17 + 3 – 10 = ...	17 – 5 + 6 = ...	14 + 5 – 3 = ...
19 + 1 – 9 = ...	15 – 6 + 5 = ...	15 + 5 – 4 = ...

5.

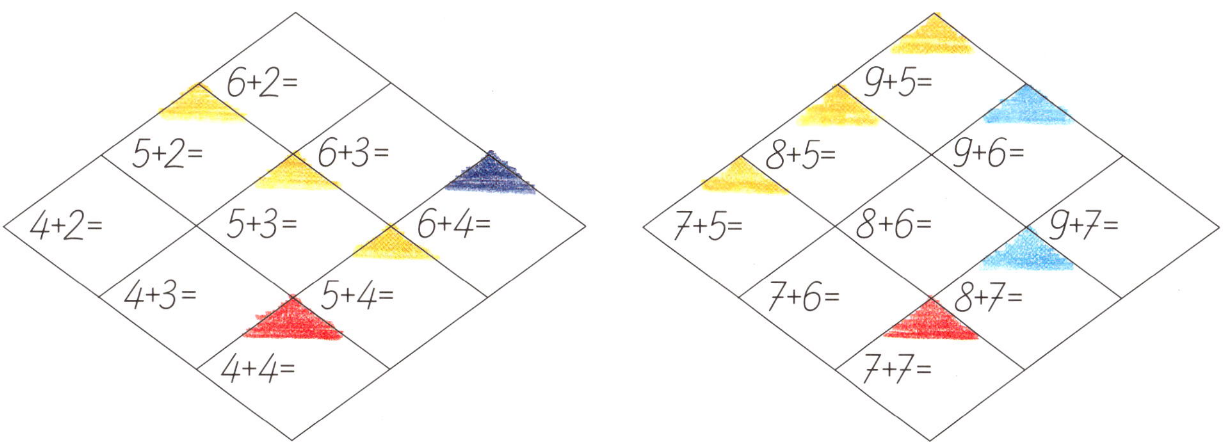

6. alle ◆ (rot)　　**7.** alle ◆ (gelb)　　**8.** alle ◆ (blau)

9. Erdal und Sara haben zusammen 8 Murmeln.
Davon gehören 5 Sara.

1 Stellengerechte Schreibweise und saubere Heftführung besprechen
2, 3 Aufgaben im Heft als Päckchen rechnen. **4** Mehrere Rechenzeichen.
5 – 8 Wiederholungen an der Einspluseins-Tafel. **9** Mündlich rechnen.

Kinder-Flohmarkt

1. Peter hat ______ Euro. Peter kauft Peter hat noch ______ Euro.

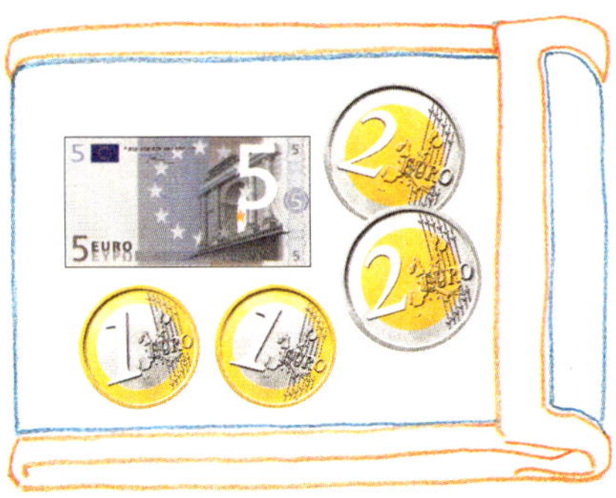

2. Lisa hat ______ Euro. Lisa kauft Lisa hat noch ______ Euro.

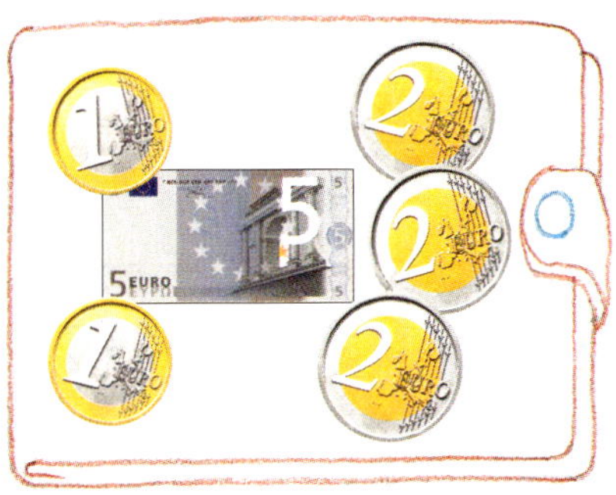

1, 2 Aufgaben mit Rechengeld legen, den Restbetrag einzeichnen, Beträge eintragen.

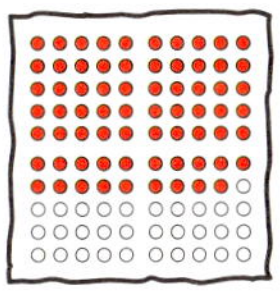

1. Ich kaufe: | Ich gebe:

Zurück: ______ Euro

2. Ich kaufe: | Ich gebe:

Zurück: ______ Euro

3. Ich kaufe: | Ich gebe:

Zurück: ______ Euro

4. Ich kaufe: | Ich gebe:

Zurück: ______ Euro

5. Ich kaufe: | Ich gebe:

Zurück: ______ Euro

6. Ich kaufe: | Ich gebe:

Zurück: ______ Euro

7.

6 € + ______ € = 12 €
8 € + ______ € = 14 €
10 € + ______ € = 16 €
12 € + ______ € = 17 €
14 € + ______ € = 20 €

8.

18 € − ______ € = 8 €
16 € − ______ € = 8 €
14 € − ______ € = 8 €
12 € − ______ € = 8 €
10 € − ______ € = 8 €

9. 

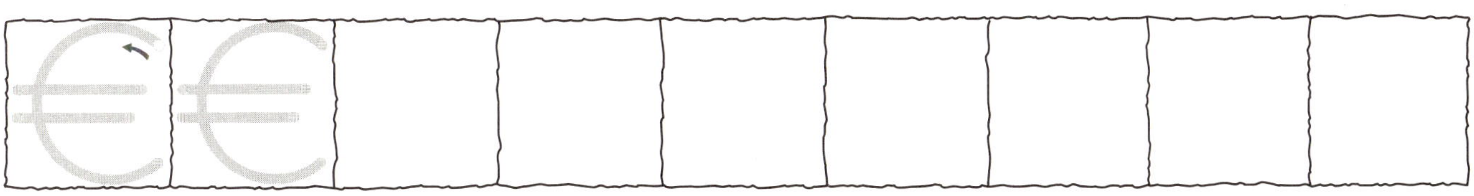

1 – 6 Aufgaben mit Rechengeld legen und lösen. In **6** reicht das Geld nicht!
7, 8 Fehlende Zahlen ergänzen. **9** Eurosymbol schreiben.

1.

Zu zahlen	5 Euro	___ Euro	___ Euro	___ Euro

2. Rundfahrt

Kinder	1	2	3	4	5	6
Zu zahlen	1 €	2 €	3 €	€	€	€

Erwachsene	1	2	3	4	5	6
Zu zahlen	2 €	4 €	€	€	€	€

3. Familie Rodrigues bezahlt für:

3 Kinder ___ Euro

2 Erwachsene ___ Euro

zusammen ___ Euro

4. Familie Kaiser bezahlt für:

2 Kinder ___ Euro

3 Erwachsene ___ Euro

zusammen ___ Euro

1 Aufbau der Tabelle besprechen, Fahrpreise eintragen.
2 Tabellen ausfüllen. **3** Ergebnisse von **2** zur Lösung nutzen.

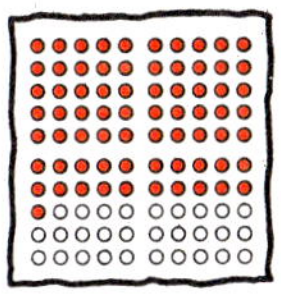

1. Frau König bezahlt für sich und drei Kinder:

Rundfahrt ...... Euro
3 Eis ...... Euro

zusammen ...... Euro

2. Familie Otte bezahlt:

2 Kaffee ...... Euro
2 Eis ...... Euro

zusammen ...... Euro

3. Ute und Ali bezahlen:

Rundfahrt ...... Euro
1 Tierfutter ...... Euro
2 Eis ...... Euro

zusammen ...... Euro

4. Herr Kluge bezahlt:

3 Saft ...... Euro
3 Eis ...... Euro
3 Tierfutter ...... Euro

zusammen ...... Euro

1 – 4 Mit Hilfe des Bildes die Aufgaben lösen.
1, 3 Die Informationen von Seite 70 zur Lösung einbeziehen.

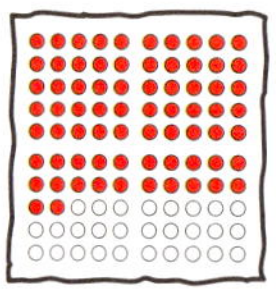

Bald ist Ostern!

Osterhäschen dort im Grase,
Wackelschwänzchen, Schnuppernase,

mit den langen, braunen Ohren,
hast ein Ei verloren!

Zwischen Blumen seh ich's liegen.
Osterhäschen, kann ich's kriegen?

1. Wie viele?

2. Weißt du, wie viele Eier es zusammen sind?

3.

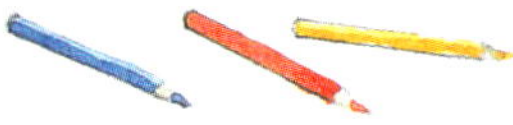

1 Dinge zählen und in die Tabelle eintragen.
2 Geschicktes Addieren – das Ergebnis ist größer als 40!

4. Immer 2 Eier im Nest.

0	1	1
0	2	0

5. Immer 4 Eier im Nest.

1	2	1

6.

Lege immer 3 Eier in ein Nest. Wie viele verschiedene Nester erhältst du?

4 Zu vorgegebenen Nestern Anzahlen der Eier in die Tabelle eintragen.
5 Eier färben und in die Tabelle eintragen. **6** Tabelle im Heft anlegen.

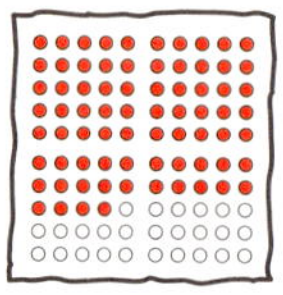

Halbieren

1.

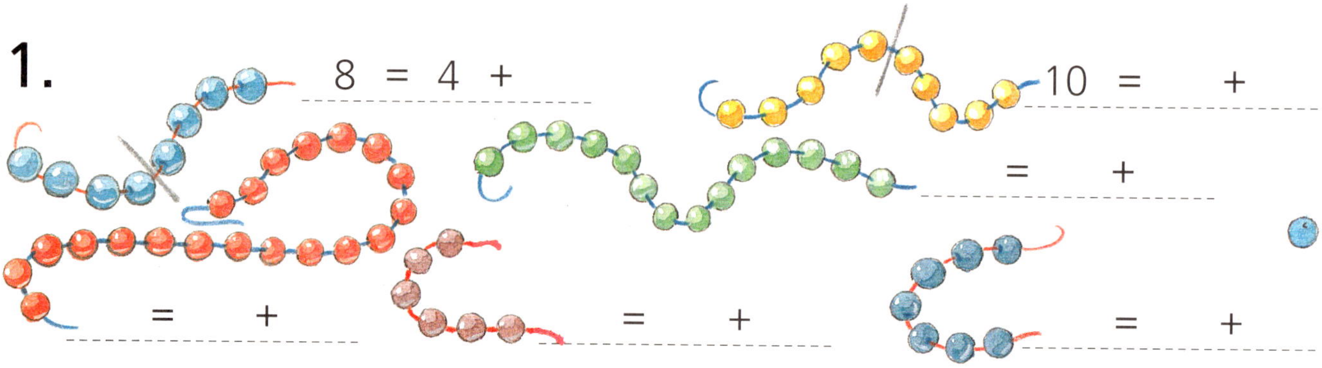

8 = 4 +

10 = +

= +

= +

= +

= +

2.

	Zahl	die Hälfte	
12	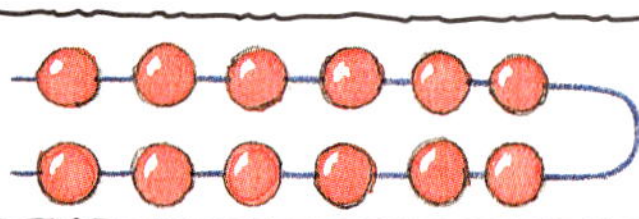		6
14	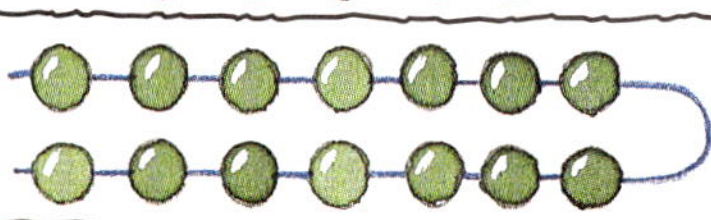		
16	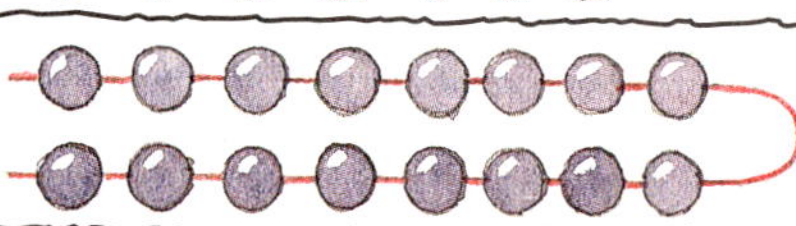		
18	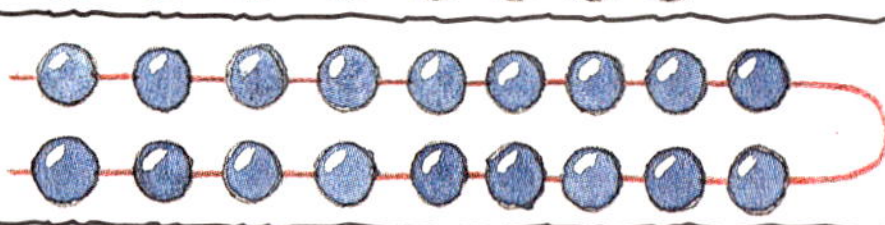		
20	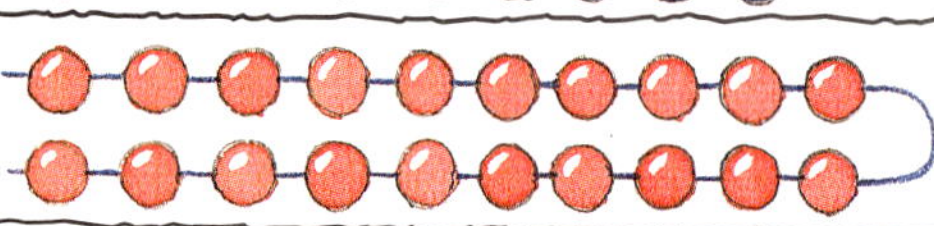		

3.

Zahl	2	4	6	8	10	12	14	16	18	20	22
die Hälfte	1	2	3								

1 Mit Perlen untersuchen, welche Ketten sich halbieren lassen.
2 Die Hälfte zeichnen, notieren. **3** Tabelle vervollständigen.
Grundlegung „Halbieren" (Blitzrechenkurs im Lehrerband)

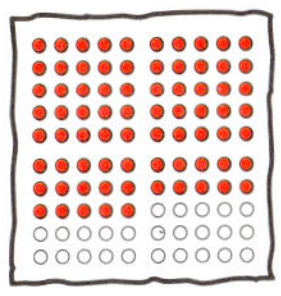

Gerade und ungerade Zahlen

1.

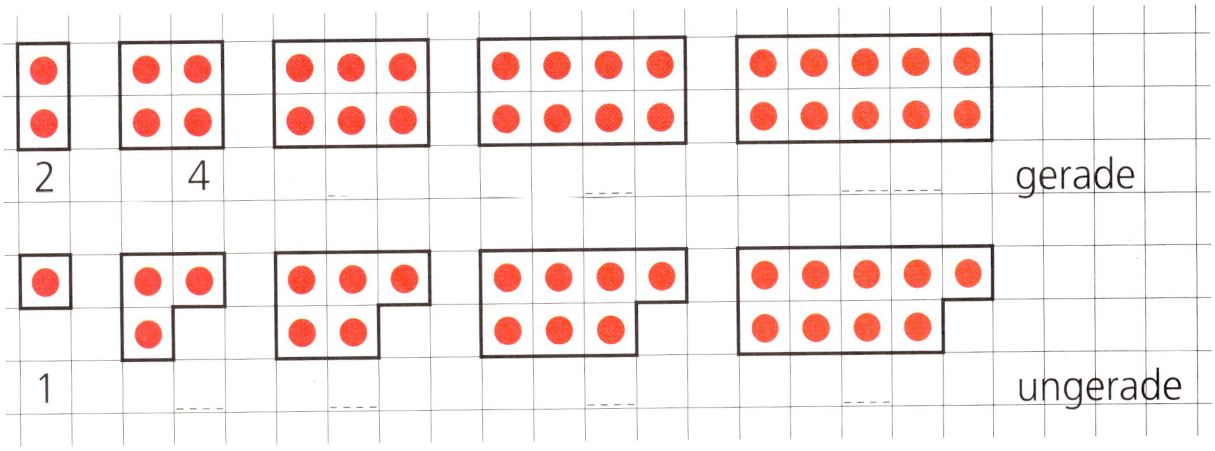

2.

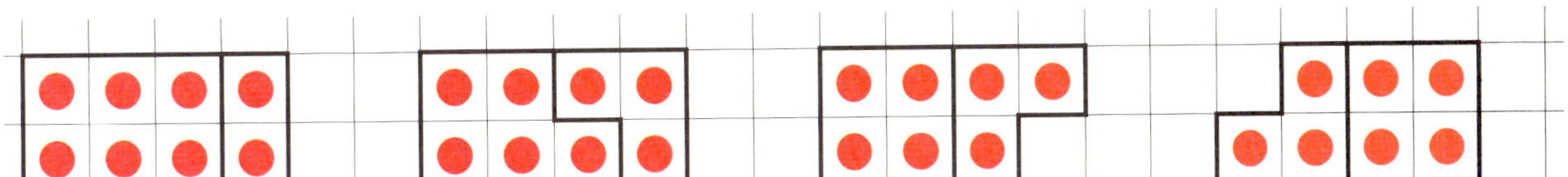

6 + 2 = ____   5 + 3 = ____   4 + 3 = ____   3 + 4 = ____

3.

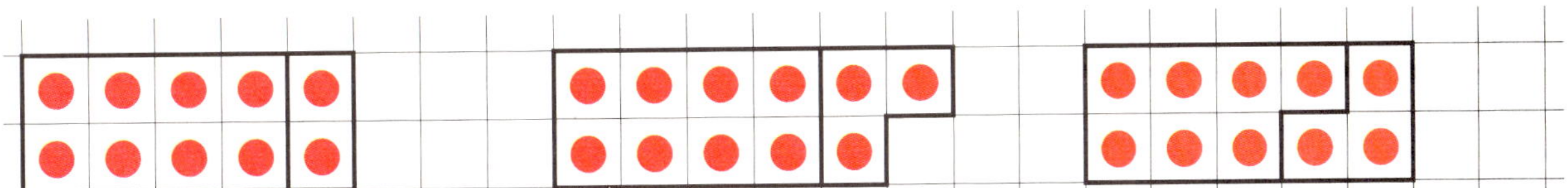

8 + 2 = ____   ___ + ___ = ____   ___ + ___ = ____

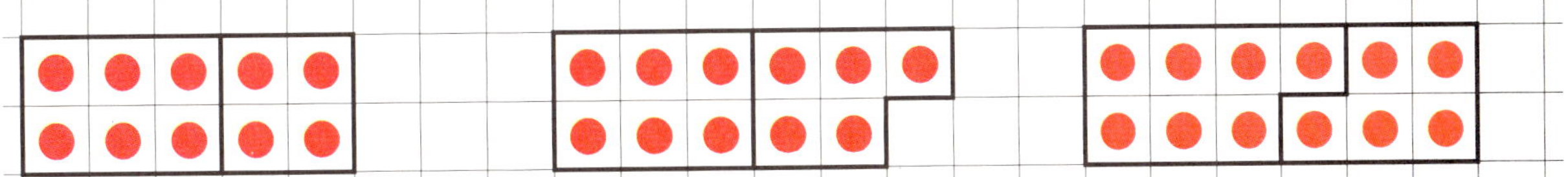

___ + ___ = ____   ___ + ___ = ____   ___ + ___ = ____

4.

4 + 8 = ____	2 + 1 = ____	9 + 1 = ____
6 + 8 = ____	4 + 3 = ____	9 + 3 = ____
8 + 8 = ____	6 + 5 = ____	9 + 5 = ____
10 + 8 = ____	8 + 7 = ____	9 + 7 = ____
12 + 8 = ____	10 + 9 = ____	9 + 9 = ____

5. 2, 4, 6, …   **6.** 1, 3, 5, …   **7.** 20, 18, …   **8.** 21, 19, …

1, 2 Passende Zahlen zu den Mustern schreiben. **3** Aufgaben zu den Mustern finden.
4 Gerade und ungerade Ergebnisse. **5 – 8** Folgen fortsetzen.

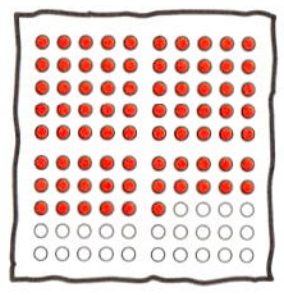

Katja sieht 2 Zehner.
Max sieht 5 mal 4.

Patrick sieht 5 Vierer.
Romina sieht 4 Fünfer.

1. Kreise ein.

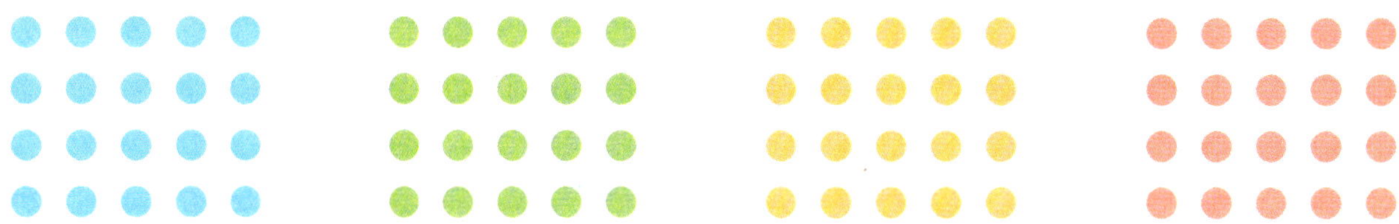

2 Zehner 5 Vierer 10 Zweier 4 Fünfer

2.

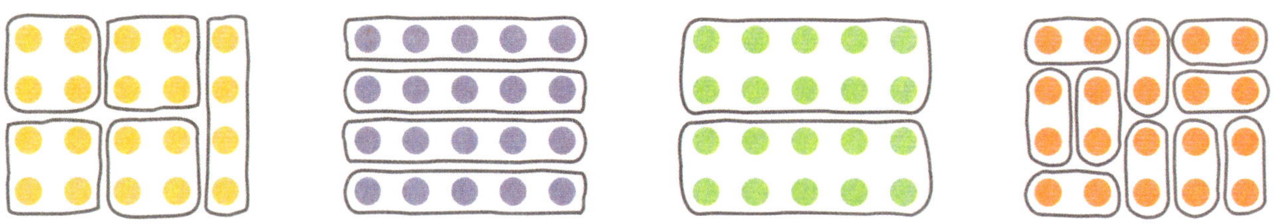

_____ mal 4 _____ mal 5 _____ mal 10 _____ mal 2

3.

_____ mal _____ _____ mal _____ _____ mal _____

1 Zwanzigermengen verschieden einkreisen. **2, 3** Passende Zahlen eintragen.

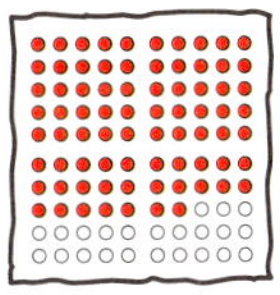

1. Lege und male an.

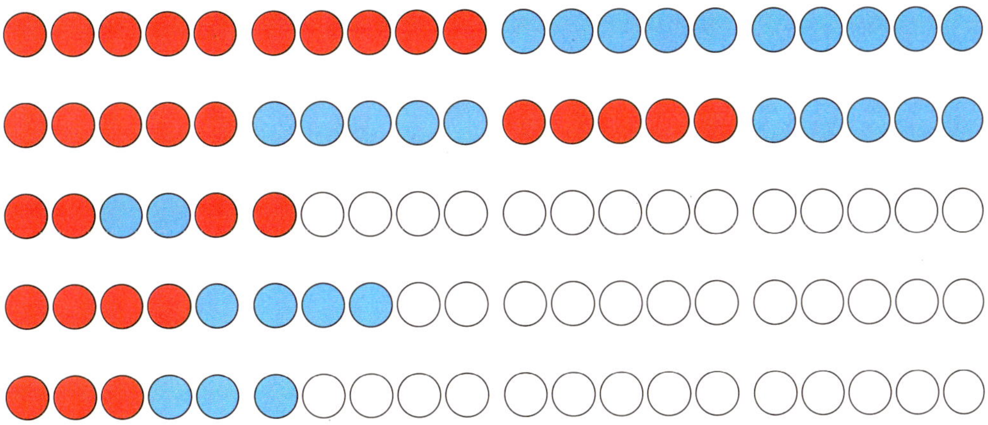

2 mal 10

___ mal 5

___ mal 2

___ mal 4

___ mal 3

2. Kreise ein.

3 mal 3 = ___

4 mal 5 = ___

5 mal 2 = ___

3. Lege weitere mal-Aufgaben. Zeichne sie in dein Heft.

4. Wie viele Ohren haben 5 Elefanten?

5. Wie viele Beine haben 3 Mäuse?

6. Wie viele Beine haben 5 Elefanten?

7. 

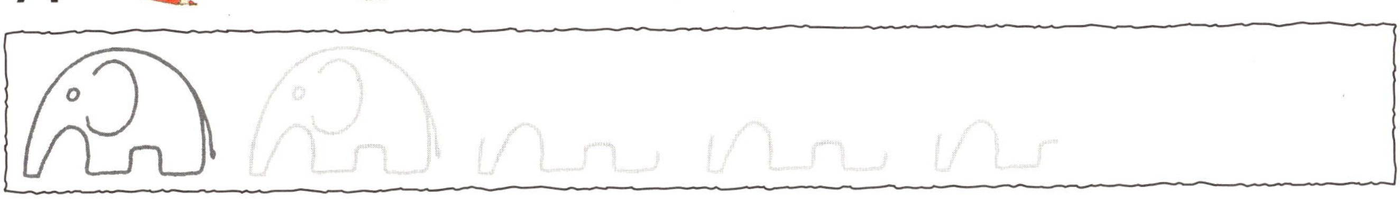

1 Reihen nachlegen und anmalen. **2** Einkreisen und Aufgaben lösen. **4 – 6** Mündlich lösen.
Grundlegung „Zählen in Schritten“ und „Mini-Einmaleins“ (Blitzrechenkurs im Lehrerband)

Ergänzen

1.

9 + ... = 12

14 + ... = 20

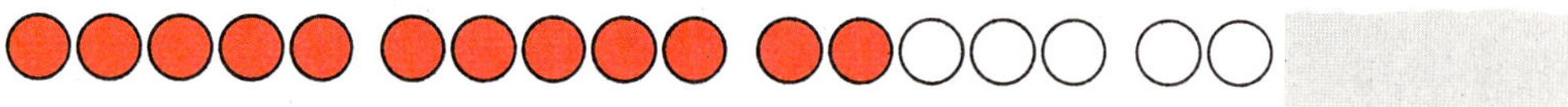

12 + ... = 17

2.

7 + ... = 10
6 + ... = 10
5 + ... = 10
3 + ... = 10

7 + ... = 12
6 + ... = 12
5 + ... = 12
3 + ... = 12

3.

8 + ... = 16
8 + ... = 15
8 + ... = 13
8 + ... = 11

15 + ... = 20
10 + ... = 20
20 + ... = 20
0 + ... = 20

4.

8 + ... = 14
9 + ... = 15
10 + ... = 16
11 + ... = 18

4 + ... = 10
4 + ... = 11
5 + ... = 11
5 + ... = 12

5.

18 + ... = 20
8 + ... = 20
14 + ... = 20
4 + ... = 20

9 + ... = 16
10 + ... = 16
11 + ... = 16
12 + ... = 17

6.

Pyramid 1: top 12; middle 7 | ___; bottom 5 | ___ | ___

Pyramid 2: top 12; middle 6 | ___; bottom ___ | ___ | 4

Pyramid 3: top 12; middle ___ | 8; bottom 4 | ___ | ___

Pyramid 4: top 20; middle 10 | ___; bottom 5 | ___ | ___

Pyramid 5: top 20; middle 9 | ___; bottom 4 | ___ | ___

Pyramid 6: top 20; middle ___ | 11; bottom ___ | ___ | 6

1 Situationen als Ergänzungsaufgaben interpretieren und lösen.
2 – 6 Aufgaben durch Ergänzen lösen.

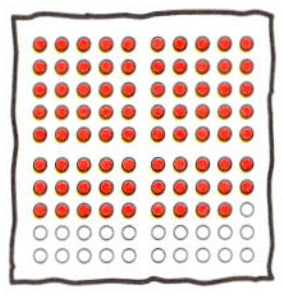

1. Wie viele Scheiben fehlen?

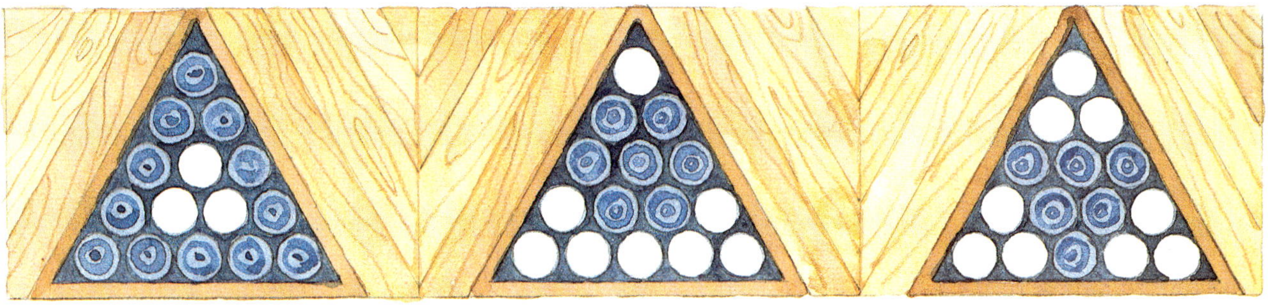

12 + ____ = 15   7 + ____ = 15   6 + ____ = 15

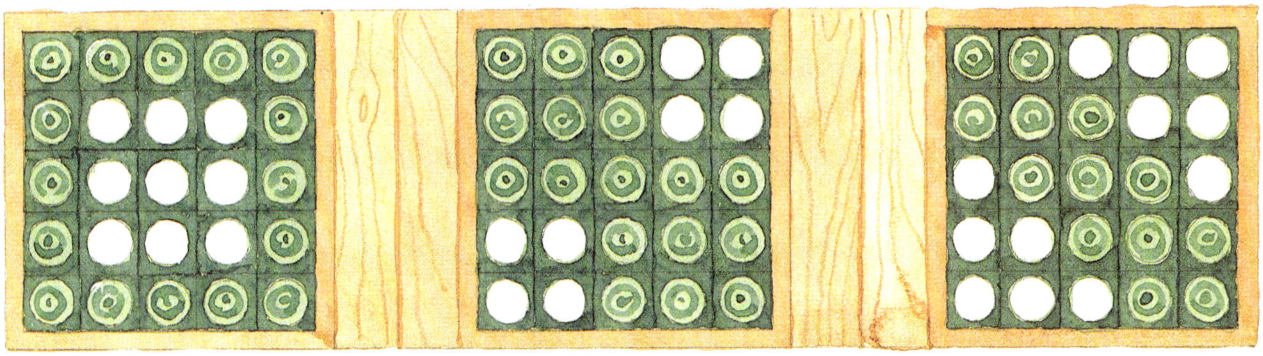

16 + ____ = 25   17 + ____ = 25   13 + ____ = 25

2.

17 + ____ = 20	13 + ____ = 16
20 − 17 = ____	16 − 13 = ____
14 + ____ = 20	11 + ____ = 16
20 − 14 = ____	16 − 11 = ____

3.

9 + ____ = 12	12 + ____ = 19
12 − 9 = ____	19 − 12 = ____
7 + ____ = 12	14 + ____ = 19
12 − 7 = ____	19 − 14 = ____

4. Löse durch Ergänzen.

21 − 18 = ____	12 − 8 = ____	18 − 13 = ____
18 − 15 = ____	13 − 9 = ____	17 − 12 = ____
15 − 12 = ____	10 − 7 = ____	19 − 14 = ____
16 − 13 = ____	13 − 8 = ____	19 − 13 = ____

1 Als Ergänzungsaufgaben interpretieren und lösen.
2, 3 Ergänzungs- und Minusaufgaben lösen.
4 Minusaufgaben durch Ergänzen lösen.

Üben mit dem Rechendreieck

1.

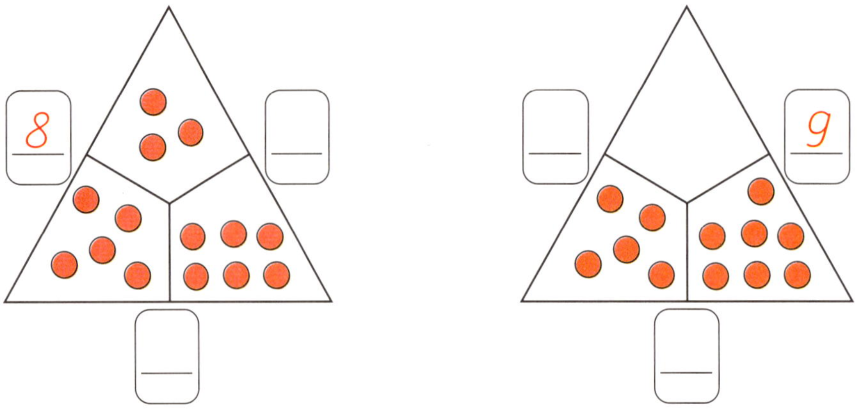

2.

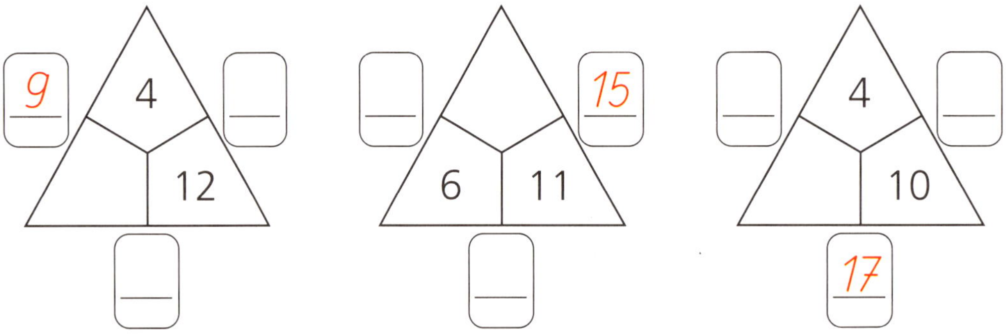

3.

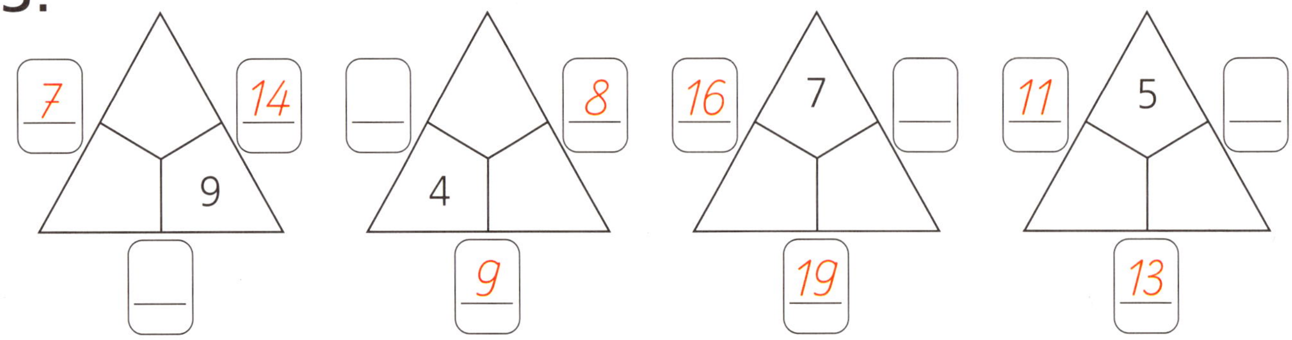

4. „Rot gegen Blau" Wer sperrt den anderen ein?

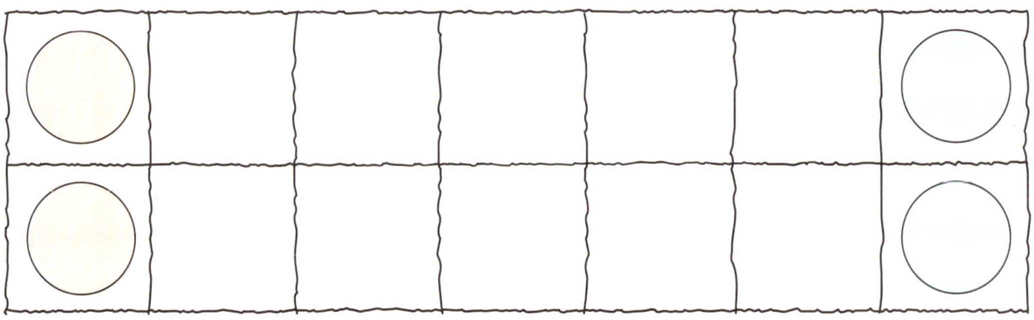

Abwechselnd ein Plättchen schieben, beliebig weit vor oder zurück. Nicht schräg, nicht überspringen.

1 – 3 Rechendreiecke vervollständigen, Beziehungen besprechen.
4 Partnerspiel. Anfangsposition (2 rote links, 2 blaue rechts) und Spielregeln besprechen.

Legen und überlegen

1.

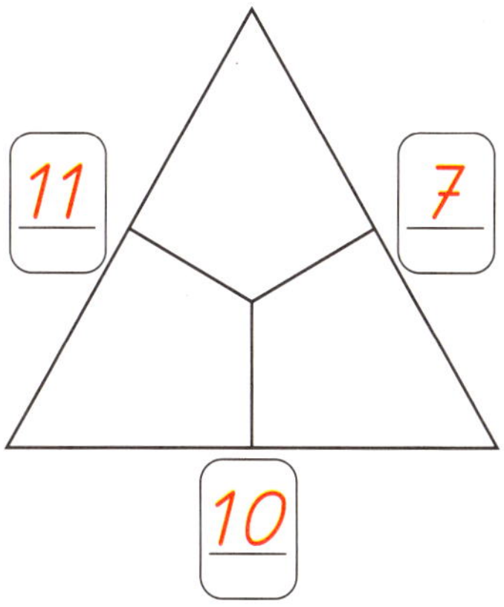

Isabelle probiert …

2.

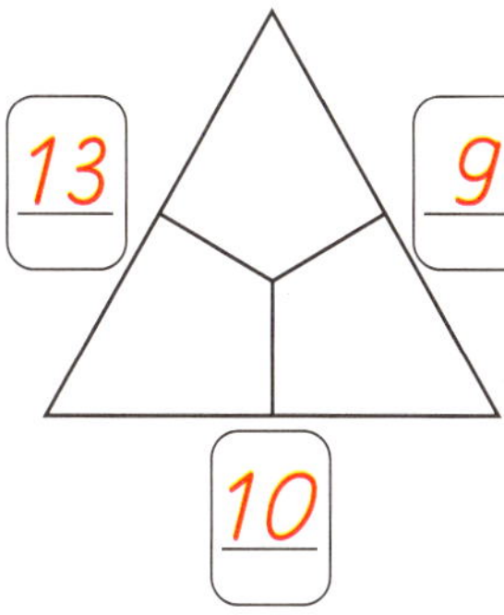

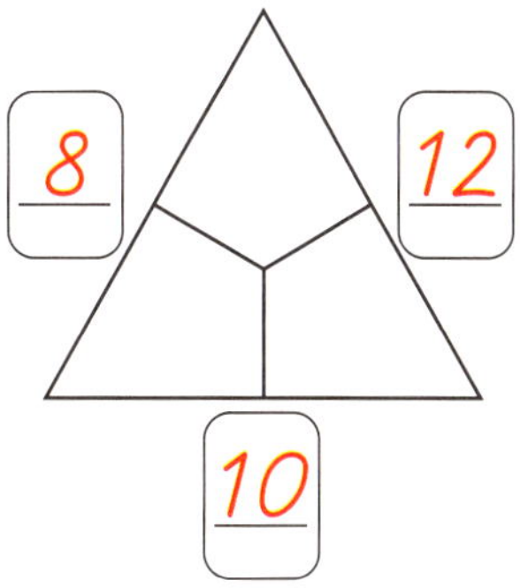

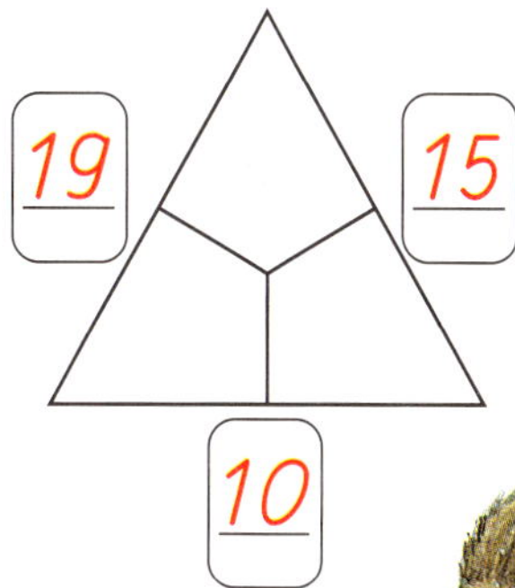

3.

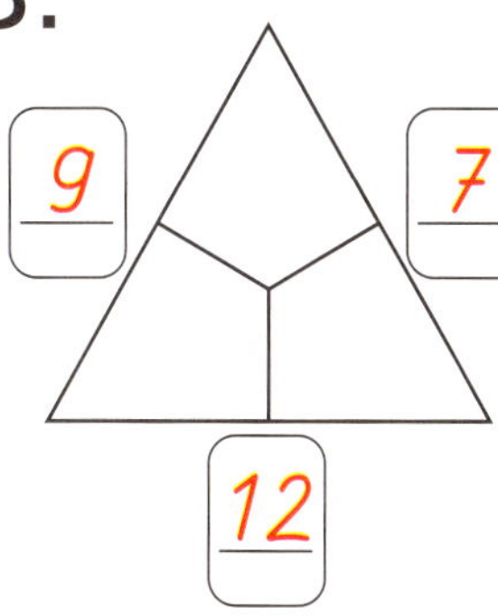

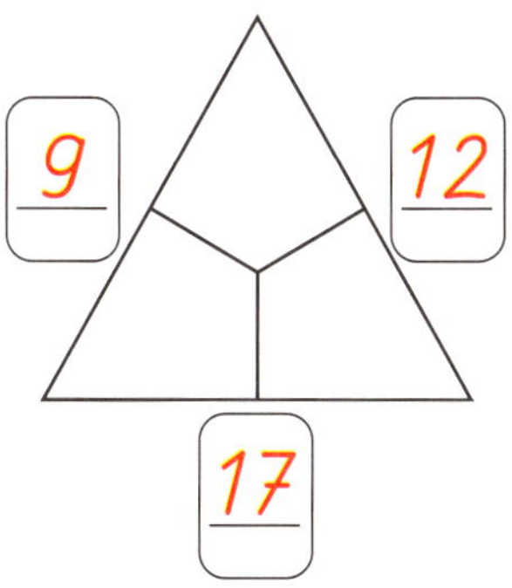

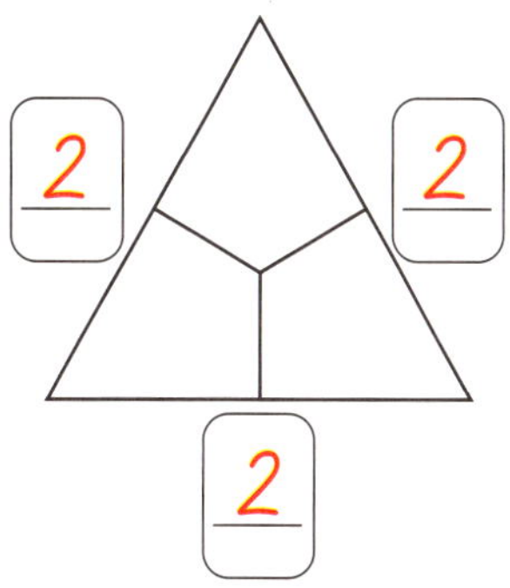

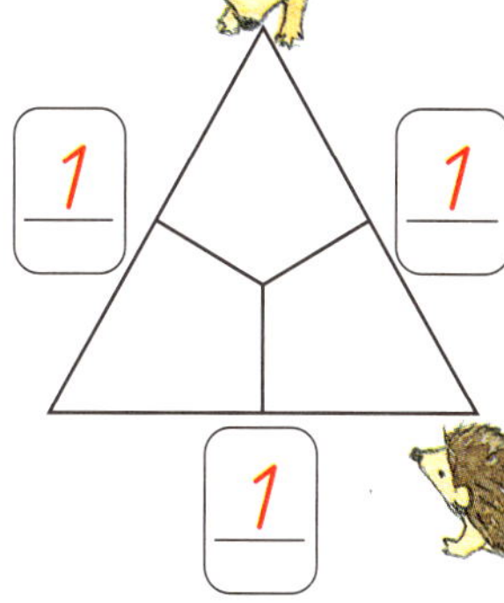

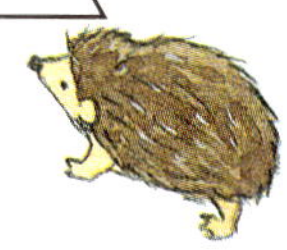

4.

Freihandknoten

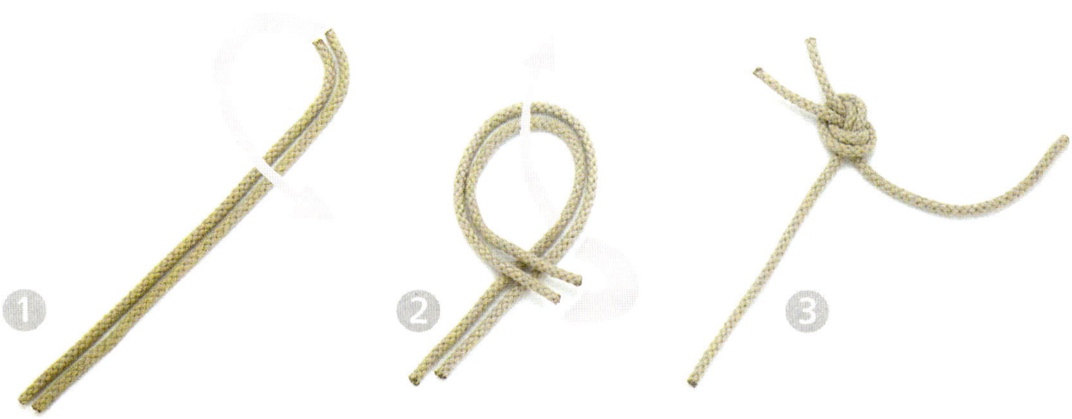

Mit dem Freihandknoten kannst du zwei Schnüre zusammenbinden.

1 Lösungsfindung durch fortgesetztes Probieren besprechen.
2, 3 Mit Hilfe von Plättchen auf Kopiervorlage (Lehrerband) lösen. (Kopiervorlage mit weiteren Aufgaben)
4 Dritten nützlichen Knoten üben.

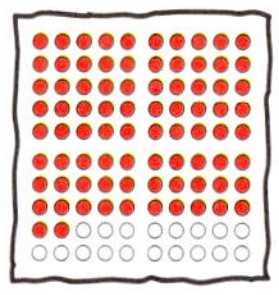

Wie sieht dein Tag aus?
Erzähle.

Um ______ Uhr
stehe ich auf.

Nachts schlafe ich.

Die Landschaft mit Blumen, Tieren und dem jeweiligen Sonnenstand beschreiben,
den Tagesablauf zu Uhrzeiten in Bezug setzen und erzählen.

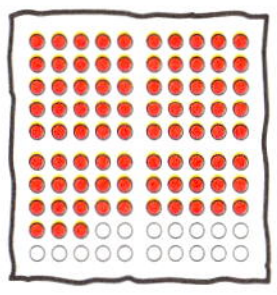

13	14	15	16	17	18	19	20	21
1	2	3	4	5	6	7	8	9

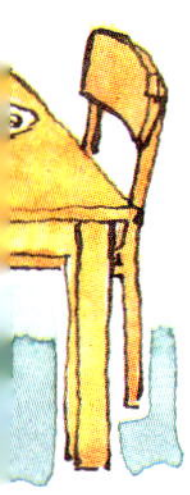

Um ______ Uhr
gehe ich
ins Bett.

Die Landschaft mit Blumen, Tieren und dem jeweiligen Sonnenstand beschreiben, den Tagesablauf zu Uhrzeiten in Bezug setzen und erzählen.

Legen und überlegen

1.

12

5   1

Özal probiert …

2.

10	10	14
5 _ 1	6 _ 2	4 _ 2

3.

13	16	20
5 _ 4	3 _ 1	4 _ 8

4.

15	17	15
6 _ 3	6 _ 1	8 _ 7

5. **Aus**  **mache**

„Haus"

„Schiff"

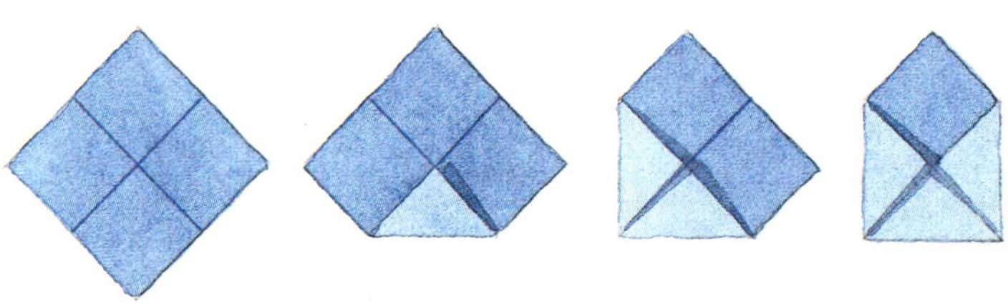

„Brief"

1 – 4 Lösungen durch fortgesetztes Probieren finden. (Kopiervorlage mit weiteren Aufgaben)
5 Aus quadratischem Papier Formen falten.

1.

2.

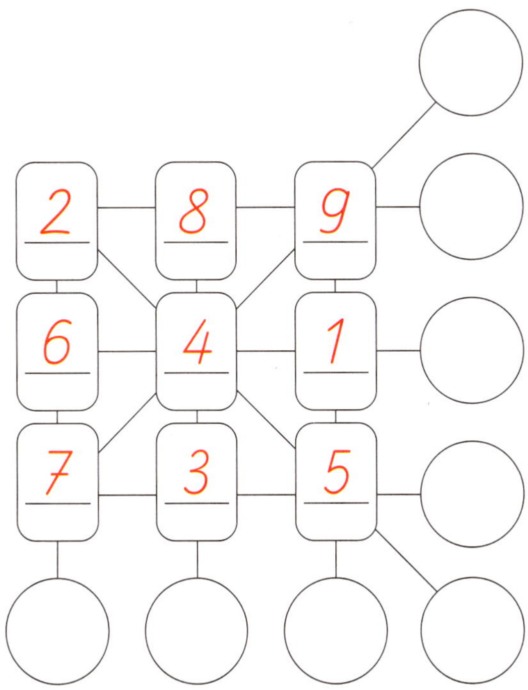

3.

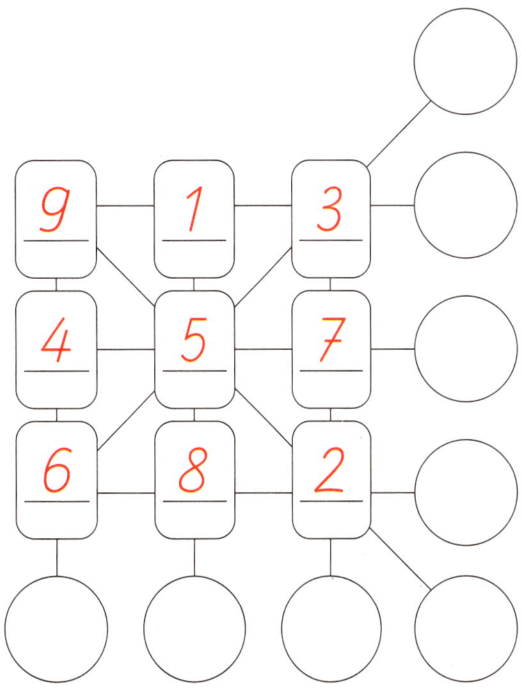

4. Falk und Nora haben 10 Murmeln.
Falk hat 4 weniger als Nora. Lege mit Plättchen.

Vorbereitung zu Seite 86.
1 – 3 Aufgaben mit Wendekarten legen. Jeweils die 8 Aufgaben ausrechnen.
4 Mündlich lösen.

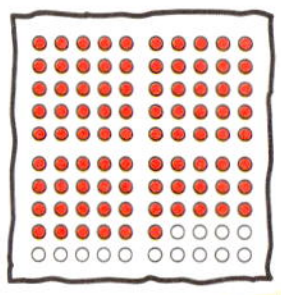

Das Zauberquadrat

1	2	3	4	5	6	7	8	9

1. Schreib 1 bis 9
in Dreierreih'n.

			○
1	2	3	○
4	5	6	○
7	8	9	24
○	○	○	15

2. Tausch 7 und 3,
was ist dabei?

			○
1	2	7	○
4	5	6	○
3	8	9	○
○	○	22	○

3. Die 5 lass steh'n,
die andern dreh'n.

			○
4	1	2	○
3	5	7	○
8	9	6	23
○	○	○	○

4. Nun finde zwei,
vertausche sie,
dann wirst du reich,
hast alles gleich.

			○
			○
			○
			○
○	○	○	○

Die Wendekarten 1 bis 9 nach Anweisung des Zauberers legen.
Jeweils die 8 Aufgaben ausrechnen.

Immer 15

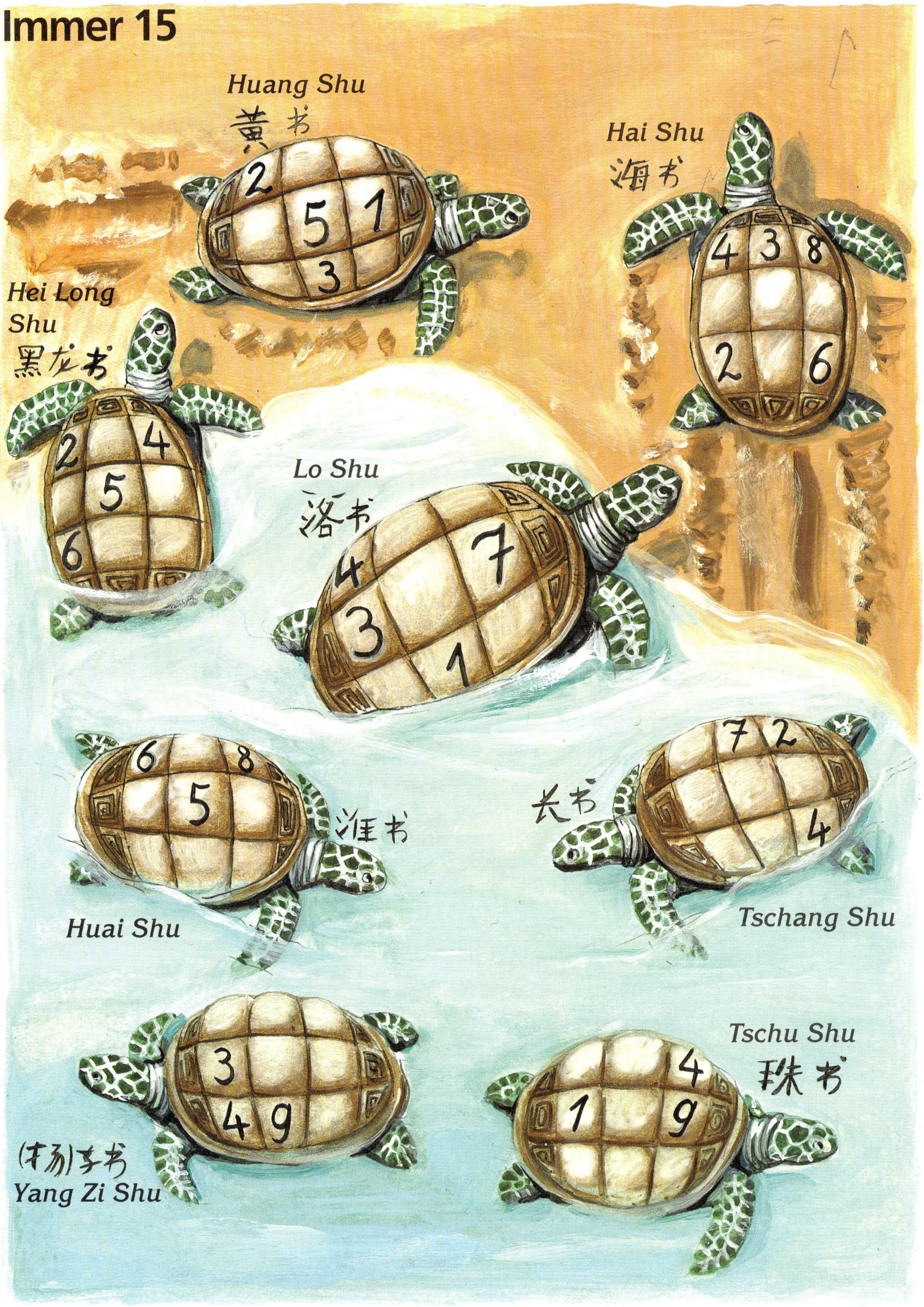
Huang Shu
黄书
2
5 1
3
Hai Shu
海书
4 3 8
2 6
Hei Long Shu
黑龙书
2 4
5
6
Lo Shu
洛书
4 7
3
1
6 8
5
淮书
Huai Shu
7 2
长书
4
Tschang Shu
3
4 9
(杨)子书
Yang Zi Shu
Tschu Shu
珠书
4
1 9

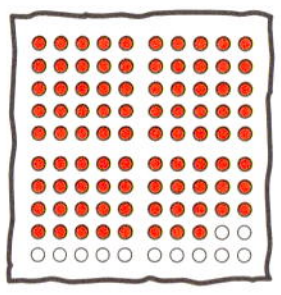

1.

kleiner < **gleich =** **größer >**

2. Welche Karte passt?

6 + ___ < 11

6 + 2 < 11	6 + ___ < 11	6 + ___ < 11
6 + 4 < 11	6 + ___ < 11	

3.

9 + ___ < 14

9 + 0 < 14	9 + ___ < 14	9 + ___ < 14
9 + ___ < 14	9 + ___ < 14	

1 Jeweils Höhe von zwei Kindern vergleichen mit der Höhe des Zauns.
2, 3 Mit Wendekarten Lösungen der Ungleichungen suchen. Lösungszahlen anmalen. Mögliche Ungleichungen aufschreiben.

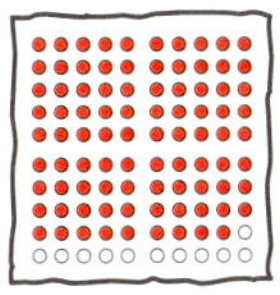

1. Welcher Karte passt?

0 1 2 3 4 5 6 7 8 9 10 11 12 13 14 15 16 17 18 19 20

12 – ____ > 6

12 – ____ > 6   12 – ____ > 6   12 – ____ > 6
12 – ____ > 6   12 – ____ > 6   12 – ____ > 6

2.

0 1 2 3 4 5 6 7 8 9 10 11 12 13 14 15 16 17 18 19 20

20 – ____ > 10

20 – ____ > 10   20 – ____ > 10   20 – ____ > 10
20 – ____ > 10   20 – ____ > 10   20 – ____ > 10
20 – ____ > 10   20 – ____ > 10   20 – ____ > 10
20 – ____ > 10

3. „15 gewinnt"   1 2 3 4 5 6 7 8 9

Zwei Spieler nehmen abwechselnd eine Karte.
Wer zuerst die Summe 15 bilden kann gewinnt.

Maria hat gewonnen,
denn 9 + 2 + 4 = 15

1, 2 Mit Wendekarten Lösungen der Ungleichungen suchen. Lösungen anmalen. Mögliche Ungleichungen aufschreiben.
3 Partnerspiel. Aus den gezogenen Karten die auswählen, die zusammen 15 ergeben.

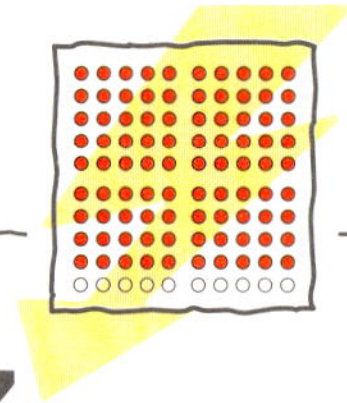

Rechnen wie der Blitz

1. Zählen: 20, 19, 18, ____, ____, ____, ____, ____, ____, ____, ____, ____, ____, ____, ____

2. Wie viele?

____ ____ ____ ____ ____

3. Verdoppeln:

Zahl	1	8	7	5	3	4	9	10	11	6	2	0
das Doppelte												

4. Zweierschritte: 2, 4, 6, ____, ____, ____, ____, ____, ____, ____, ____, ____, ____, ____

5. Zerlegen:

8
4 +
5 +
1 +

9
5 +
4 +
6 +

10
8 +
5 +
3 +

12
8 +
10 +
7 +

6. Ergänzen bis 20:

13 + ____ 9 + ____ 17 + ____ 5 + ____ 16 + ____

18 + ____ 12 + ____ 8 + ____ 10 + ____ 7 + ____

7. Einspluseins:

4 + 3 = ____ 9 − 2 = ____ 9 + 7 = ____

7 + 2 = ____ 8 − 4 = ____ 8 − 7 = ____

8 + 3 = ____ 7 − 6 = ____ 9 + 8 = ____

8. Malaufgaben mit 2:

2 mal 2 = ____ 2 mal 6 = ____ 2 mal 3 = ____

2 mal 4 = ____ 2 mal 7 = ____ 2 mal 5 = ____

2 mal 8 = ____ 2 mal 9 = ____ 2 mal 10 = ____

9. Zählen in Schritten:

3, 6, ____, ____, ____, ____

5, 10, ____, ____ 4, 8, ____, ____, ____

Aufgaben zur mündlichen oder schriftlichen Wiederholung.

1.

2. Wie heiße ich?

Ich habe lange blonde Haare. ____________________

Ich bin ein Junge und trage eine Brille. ____________________

Ich sitze zwischen Olga und Anna. ____________________

Ich sitze neben Zeki und habe kurze Haare. ____________________

Ich sitze gegenüber von Hans und lache. ____________________

Mein Vorname fängt mit **H** an. ____________________

Ich sitze rechts von Julia. ____________________

Ich sitze links von Hans. ____________________

Ich sitze rechts neben dem Kind, das gegenüber von Tina sitzt. ____________________

1 Mit Hilfe der Umrisszeichnung (Plan) herausfinden, wie die Kinder auf dem Bild heißen, entsprechend anmalen. **2** Nach den Beschreibungen die Kinder herausfinden.

Erzähle und zeige. Wie kann man gehen?

1. Leo zur S ? Ina zur S ?

2. Ina zum ? Eva zum ? Vergleiche!

1, 2 Kinder zeigen mit dem Finger die Wege und beschreiben sie.

Das Taxi fährt in **ECKENHAUSEN** keine Umwege!

1. Vom TAXI – Stand zu Leo : 5 Wegstücke

Von Leo zur : ...... Wegstücke

Von der zum : ...... Wegstücke

2. Welcher Weg ist länger?

Von der POLIZEI zur S oder von der POLIZEI zum ?

3. Das Taxi fährt immer 4 Wegstücke.

Wo kann es hinkommen? Zeichne die Ziele rot ein.

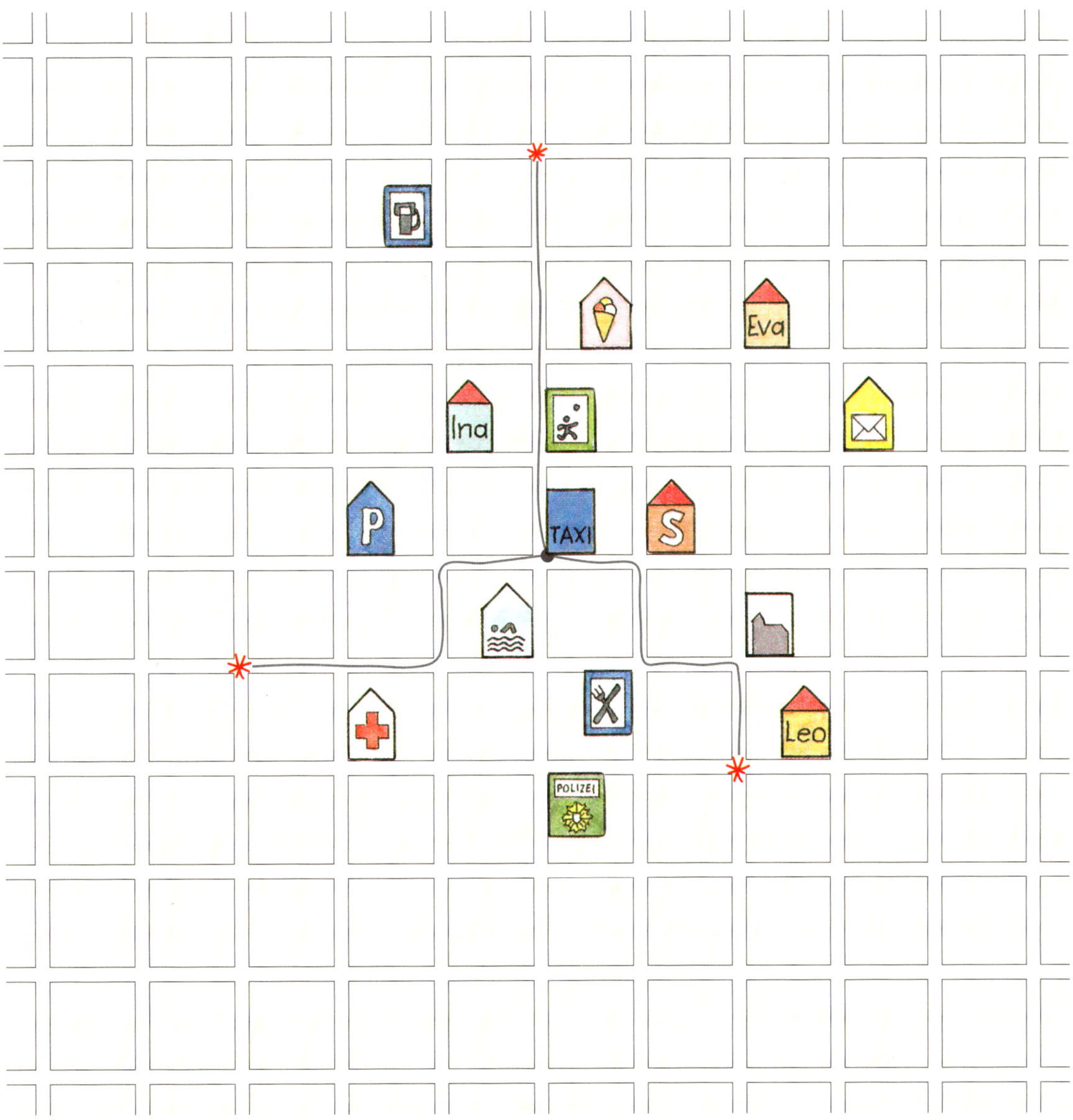

Was fällt auf?

1, 2 Ein Plättchen dient als Taxi auf dem Plan von Seite 90 und wird entsprechend geschoben.
3 Die Taxiwege werden mit Bleistift nachgefahren, die Endpunkte mit einer Farbe markiert.

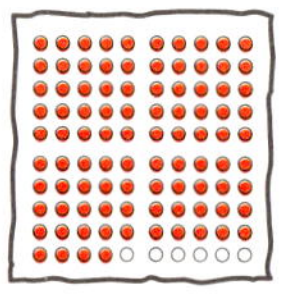

1. Früher

Als die Menschen noch keine Zahlen kannten, nahm ein Hirte ein Stück Holz, wenn er seine Schafe zählen wollte.

Für jedes Schaf schnitt er eine Kerbe ein.

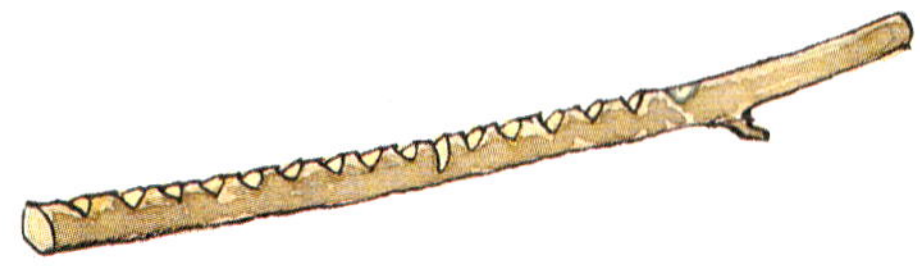

2. Heute

Z Zehner	E Einer

= ....

3.

Z Zehner	E Einer

= ....

4.

Z	E

= ......

5.

Z	E

= ......

1 Vorlesen, erzählen; Vorteile und Nachteile besprechen.
2 – 5 Tiere und Pflanzen zu Zehnern bündeln, einkreisen; in Stellenwerttafel eintragen, Zahl dazuschreiben.

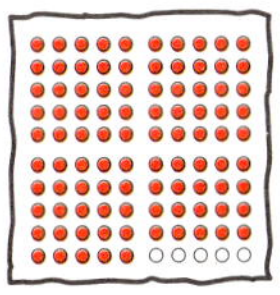

1.

1 Zehner	zehn
2 Zehner	zwanzig
3 Zehner	dreißig
4 Zehner	vierzig
5 Zehner	fünfzig
6 Zehner	sechzig
7 Zehner	siebzig
8 Zehner	achtzig
9 Zehner	neunzig
10 Zehner	hundert

3 Zehner + 2 Zehner = ___ Zehner
30 + 20 = ___

3Z − 2Z = ___ Z
30 − 20 = ___

2.

2Z + 3Z = ___
20 + 30 = ___

4Z + 2Z = ___
40 + 20 = ___

4Z + 3Z = ___
40 + 30 = ___

5Z + 3Z = ___
50 + 30 = ___

6Z + 3Z = ___
60 + 30 = ___

7Z + 3Z = ___
70 + 30 = ___

3.

9Z − 4Z = ___
90 − 40 = ___

8Z − 4Z = ___
80 − 40 = ___

7Z − 4Z = ___
70 − 40 = ___

8Z − 3Z = ___
80 − 30 = ___

7Z − 3Z = ___
70 − 30 = ___

6Z − 3Z = ___
60 − 30 = ___

4.

50 + 10 = ___
50 + 40 = ___
50 + 50 = ___
50 + 30 = ___
50 + 20 = ___

20 + 10 = ___
30 + 20 = ___
30 + 30 = ___
40 + 30 = ___
40 + 40 = ___

5.

70 − 30 = ___
70 − 20 = ___
70 − 40 = ___
70 − 50 = ___
70 − 70 = ___

100 − 10 = ___
100 − 50 = ___
100 − 30 = ___
100 − 20 = ___
100 − 90 = ___

1 Hundertertafel besprechen. **2 – 5** Analogien herstellen.

1.

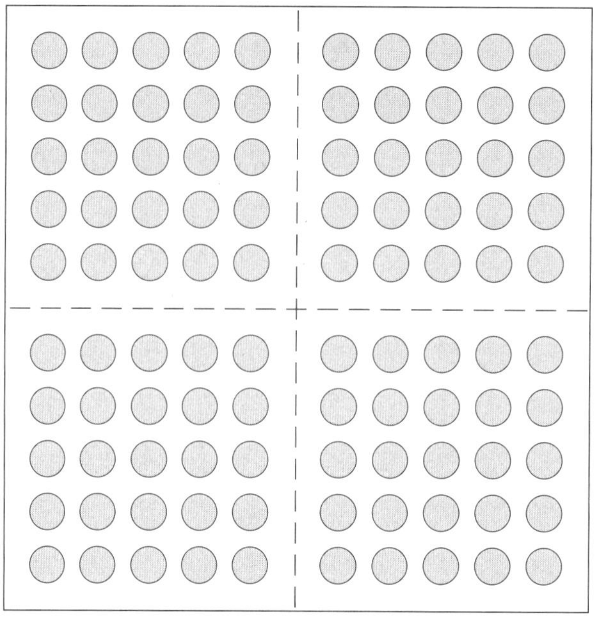

zehn	10
zwanzig	20
dreißig	____
vierzig	____
fünfzig	____
sechzig	____
siebzig	____
achtzig	____
neunzig	____
hundert	____

2.

50 + 50 = ____	80 + 10 = ____
40 + 50 = ____	70 + 20 = ____
30 + 50 = ____	60 + 30 = ____
20 + 50 = ____	50 + 40 = ____
10 + 50 = ____	40 + 50 = ____

3.

30 + 30 = ____	20 + 60 = ____
40 + 30 = ____	70 + 10 = ____
50 + 30 = ____	30 + 50 = ____
60 + 30 = ____	10 + 70 = ____
70 + 30 = ____	40 + 40 = ____

4.

100 − 50 = ____	50 − 30 = ____
100 − 60 = ____	60 − 40 = ____
100 − 70 = ____	70 − 50 = ____
100 − 80 = ____	80 − 60 = ____
100 − 90 = ____	90 − 70 = ____

5.

100 − 50 = ____	80 − 20 = ____
80 − 40 = ____	70 − 10 = ____
60 − 30 = ____	60 − 20 = ____
40 − 20 = ____	50 − 10 = ____
20 − 10 = ____	40 − 20 = ____

6.	7.	8.	9.	10.
30 + 70	80 − 20	10 + 70	100 − 80	10 + 10
20 + 80	100 − 20	20 + 60	90 − 70	30 + 10
50 + 50	50 − 20	30 + 50	80 − ____	50 + ____
60 + 40	70 − 20	40 + 40	____ − ____	____ + ____
90 + 10	20 − 20	30 + 30	____ − ____	____ + ____

1 Zehnerzahlen bis hundert schreiben.
2 – 10 Mit Zehnerzahlen addieren und subtrahieren.

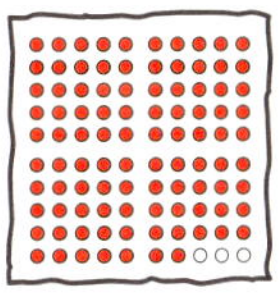

1.

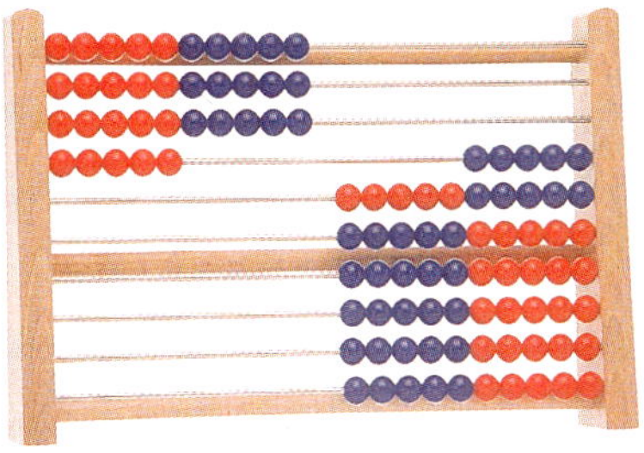

30 + 5 = ____

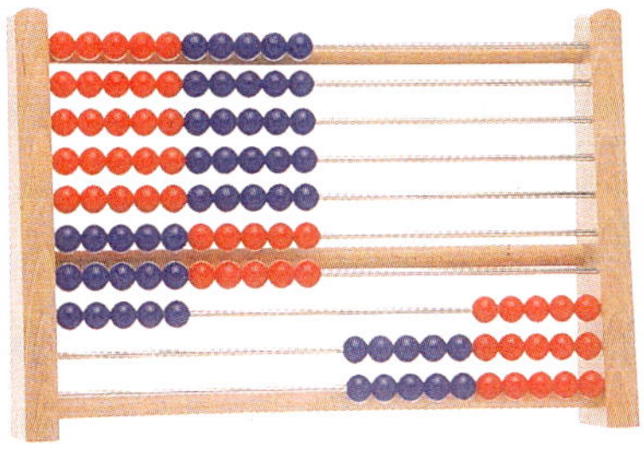

70 + ____ = ____

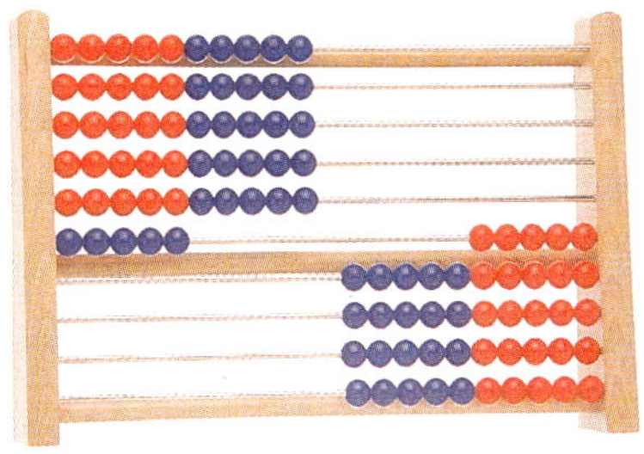

50 + ____ = ____

2.

30 + 5 = ____
70 + 5 = ____
60 + 5 = ____
20 + 5 = ____
80 + 5 = ____

35 − 5 = ____
85 − 5 = ____
65 − 5 = ____
25 − 5 = ____
95 − 5 = ____

3.

20 − 5 = ____
60 − 5 = ____
80 − 5 = ____
40 − 5 = ____
30 − 5 = ____

90 + 5 = ____
90 − 5 = ____
100 − 5 = ____
70 − 5 = ____
70 + 5 = ____

4.

30
20 +
+
+

5.

20	80	50	100
50 − 30	10 + 70	90 − 40	50 + 50

6. Schuhschleife

1 – 3 Zehner und Fünfer addieren und subtrahieren. **4, 5** Zahlenhäuser im Heft fortsetzen.
6 Den vierten nützlichen Knoten, die Schuhschleife, üben.

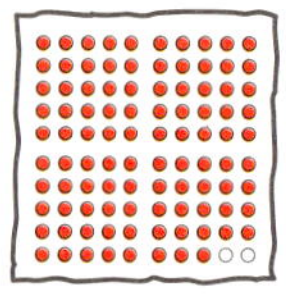

Geld wechseln

1 Euro hat 100 Cent.

1. Immer 1 Euro. Lege und male. Wie viele Münzen?

(1 Euro)	1
(50) (10) (10) (10) (10) (10)	6

2. Immer 50 Cent. Lege und male.

(50)	1
	3
	4

Lege 50 Cent auch mit 5, 6, 7, 8, 9, 10 Münzen.

3. Lege 2 Euro unterschiedlich.

4. Ich habe 2 Kupfermünzen. Wie viel Cent können es sein?

1 Mit Rechengeld legen, Münzen zeichnen, Anzahl eintragen; verschiedene Lösungen möglich!
2 Zur gegebenen Anzahl passende Münzen legen und zeichnen.
3 Immer 2 Euro legen und zeichnen. **4** Mit Rechengeld probieren.

Einkaufen

1.

Bernd hat	Er kauft
	 60 Cent

Bernd hat noch .... Cent.

Jana hat	Sie kauft

Jana hat noch .... Cent.

2.

Katrin kauft	Sie gibt
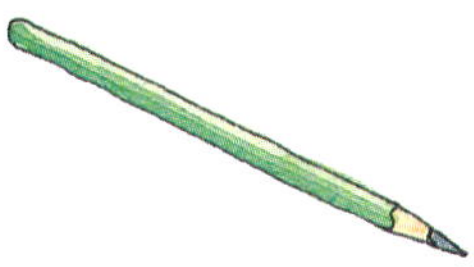 40 Cent	

Sie bekommt .... Cent zurück.

Boris kauft	Er gibt
 90 Cent	

Er bekommt .... Cent zurück.

3.

	Preis	gegeben	zurück
	9 Euro	20 Euro	
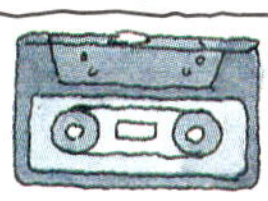	4 Euro	10 Euro	
	18 Euro	20 Euro	

4.

Immer 60 Cent	Immer 80 Cent	Immer 90 Cent	Immer 70 Cent
50 + ...	50 + ...	50 + ...	50 + ...
30 + ...	60 + ...	60 + ...	60 + ...
20 + ...	40 + ...	80 + ...	20 + ...
40 + ...	70 + ...	40 + ...	40 + ...
.... + ...	.... + ...	.... + ...	.... + ...

1 – 4 Mit Rechengeld legen. **2, 3** Durch Ergänzen lösen.

Zahlen aus meiner Klasse

1. Ich bin ______ Jahre alt.
Ich habe ______ Zähne.

2. Ich bin in Klasse ______ .
Unsere Lehrerin heißt ____ .
Unser Lehrer heißt ____ .

3. In der Klasse sind ______ Kinder,
davon ______ Mädchen und ______ Jungen.

4. Unser Klassenraum

	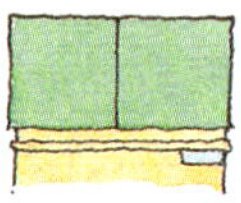					
Klasse ______	|					

5. Unser Raum ist ____________________ lang und ____________________ breit.

6. Unsere Haustiere

						Andere Tiere

Zusammen						

7. Nach den Ferien komme ich in Klasse ______ .

1 – 7 Lesen, Daten sammeln, in Strichliste eintragen.

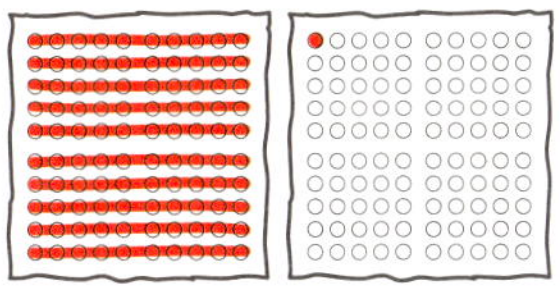

1. Ein Mandala.
Male aus.

2. Das erste deutsche Rechenbuch schrieb Adam Ries.
Er wurde in Staffelstein (Bayern) geboren und
war Rechenmeister in Erfurt (Thüringen)
und Annaberg (Sachsen).
Er lebte von 1492 bis 1559.

„Wer nicht weiß, was Rechnen ist,
Leicht betrogen wird mit List.
Dies nimm zu Herzen, bitt' ich sehr.
Ein jeder sein Kind Rechnen lehr'."

1 Das Mandala (Rosette aus dem Kreuzgang Kloster Maulbronn, Baden Württemberg) schön ausmalen. Weitere Mandalas als Kopiervorlagen im Lehrerband.
2 Den Rechenmeister Adam Ries und ein Gedicht von ihm kennen lernen.

Inhaltsverzeichnis